地図の進化論

地理空間情報と人間の未来

若林芳樹

創元社

目次

序章　いまどこ・いまここ・ここはどこ

1　携帯電話が変えた道案内

「いまどこ?」「いまここ」「ここはどこ?」。これらのフレーズは、誰かと待ち合わせたときなどに携帯電話で交わされる、ごくありふれた会話の一部である。あなたはどのように答えるだろうか。いまいる場所が、新宿駅や東京スカイツリーといった、よく知られた駅や施設のそばなら、駅名や施設名で答えれば済むかもしれない。もし適当な施設がなければ、周囲を見回して目につく看板や建物の特徴で答えてもよいだろう。ただし、その答えを会話の相手が理解できるかどうかは、お互いの土地勘と方向感覚にも左右される。

携帯電話が普及する前は、待ち合わせの場所選びにも細心の注意を払ったし、初めての場所なら事前に地図などを使って知らせる必要があったが、いまなら細かい場所の指示は現地に行ってから携帯電話で行う人が増えたのではないだろうか。もし伝達ミスを防ごうとすれば、お互いが同じ地図を持って場所を確認することが必要になる。しかし、近年のＩＣＴ（情報通信技術）の進歩は、そうした伝達ミスを回避するのにも大いに貢献している。

たとえば、スマートフォンでグーグルマップ（Google Maps）を起動すると、地図上に現在地が表示される。その場合、スマートフォンで位置情報を取得可能な設定にしておけば、かなり高い精度で現在地を地図上で知ることができる。

携帯電話やスマートフォンで位置を特定するのに使われているのは、ＧＰＳ（全地球測位システム）衛星からの電波である。それが受信できない室内や地下では、ＧＰＳ受信機は使えないはずなのに、位置がわかるのは、別の方法を使って現在地を特定しているからにほかならない。電話会社によってその方法には多少の違いはあるが、通信の中継地となる基地局の位置から割り出す方法のほか、加速度センサーや電子コンパスを使って移動経路を追跡することにより、精度を高めるための補正が行われている可能性がある。

これは、スマートフォンやタブレットなどのモバイル端末に限った機能ではなく、デスクトップＰＣでも可能で、インターネット回線に接続されていれば、ある程度の範囲で位置を特定することは可能である。たとえば、グーグルマップでは、ＰＣを使っている場所のおおよその位置が地図上に表示されるが、これはあらかじめユーザがグーグルに登録した住所情報か、またはインターネットの接続先となるアクセスポイントのＩＰアドレスの位置から割り出したものと思われる。[*1]

このように、ＩＣＴによって位置情報の伝達は大幅に効率化されたことは間違いない。こうした技術を用いれば、携帯端末のユーザ同士が位置情報をリアルタイムで共有することも可能である。しかし、冒頭で述べた会話の問いかけは、現在でも目的地に向かってナビゲーションする際の基本的な要件であり続けるだろう。ナビゲーションの構成要素は、「現在地の確認」―「プランニング」―「ルートの維持」が基本であるといわれている[*2]が、その出発点になるのが「ここはどこ」という問いに答えることである。

その問いの答えを導くのが地理空間情報である。地理空間情報とは、２００７年に成立した地理空間情報活用推進基本法で公式に定められた用語で、空間上の特定の地点または区域の位置を示す情報、およびそれに関連付けられた情報を指す。本書のねらいは、地理空間情報と人間とを媒介する役目を持つ地図について、その進化の跡をたどり、将来の地理空間情報と人間との関わり合いを展望することにある。

2　緯度と経度で手紙を送る

冒頭の問いかけに答えるのには、いくつかの方法がある。一つは、よく知られた地物《ちぶつ》（駅名、施設名など）を基準にして、たとえば「ＪＲ渋谷駅のハチ公口の改札の前」などと答える方法である。まわりに適当な地物がない場合、住所がわかる地図を持っていれば、「渋谷区道玄坂……番地」のように所番地で示す方法もある。住所表記では、ピンポイントで建物の位置を示

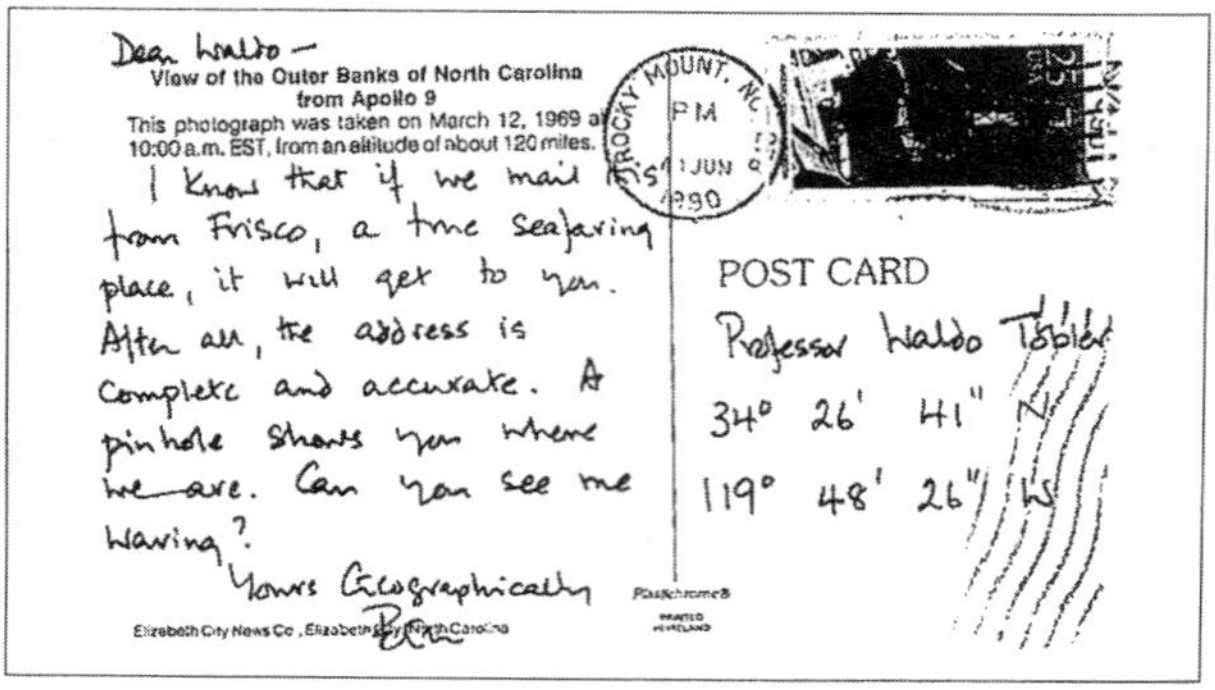

図0-1　グールドがトブラーに宛てた葉書（Gould&Pitts, 2002, p.316）

すことは難しいため、より厳密な方法をとるとすれば、現在ではGPS受信機で緯度・経度を特定することも可能である。しかし、おそらく緯度・経度で位置を伝えても、理解できる人はほとんどいないだろう。

このことを確かめるために、米国のトブラーとグールドという2人の地理学者が行った実験がある。1980年代の後半、2人の地理学者は地理空間情報をコード化する仕方を調べるために、世界の友人34人に緯度・経度で宛先を表記した手紙をカリフォルニアに住むトブラー宛に投函してもらった。結果的に4通が届いたという。[*3] 図0-1は、グールドがトブラーに宛てた葉書であるが、右側の住所が緯度・経度で表記されていることがわかる。

この実験結果についてはいくつかの解釈ができる。一つは、「たった1割しか届かなかった」という、ある意味で常識的な解釈である。これは、人間に対する地理空間情報の伝達に緯度・経度はなじまないという結論につながる。つまり、緯度・経度の宛先を識別して配送する仕組み（たとえば、緯度・経度を所番地に変換するツール）がなければ、こうした手紙は届かないことになる。これは、後述するジオコーディングの技術が開発された今日では、それほど難しいことではない。また、現代のサイバースペース上では、インターネットのＩＰアドレスのように、コード化された住所で情報がやりとりされているわけだが、それは緯度・経度のような実空間上の位置とは別のコード体系をなしているとはいえ、地球上のおおまかな位置との対応付けは可能である。

もう一つ別の解釈として、「1割も届いた」と評価することもできる。おそらくユーモアのセンスと地理的知識を持ち合わせた郵便局員が、緯度・経度で宛先を推理した可能性がある（おそらく宛名にあった「教授」の肩書きが手がかりになったのだろう）。つまり、緯度・経度だけで正確に位置を特定できなくても、世界地理の基礎的知識（たとえば、赤道、本初子午線《ほんしょしごせん》を基準としたおおまかな世界の枠組み）があれば、宛先の地理的位置について、おおよその見当はつくかもしれない。いまなら、グーグルマップなどのウェブ地図を使って緯度・経度で検索すれば、地図上で位置を確かめることも難しくはない。

このように、空間的位置の表現には様々なものがあるが、我々も日常生活の中でそれらを知らず知らずのうちに使い分けている。たとえば、私の研究室の位置については次のような表現の仕方がある。

・緯度・経度：北緯３５・６２００６１６２度、東経１３９・３８１７５０２度
・郵便番号：１９２－０３９７
・電話の局番：０４２
・住所：東京都八王子市南大沢１－１
・道案内文：京王相模原線南大沢駅で下車し、右手に見える塔のそばの正門を直進して……

それらをコンピュータで処理するのがＧＩＳ（地理情報システム）である。ＧＩＳでは、地理空間情報を地球上の位置と関連付けることを「空間参照」と呼んでいるが、その方法は大きく二つに分けられる。

その一つは、緯度・経度のような座標を使う方法で、「直接参照」と呼ばれている。しかし、緯度・経度から即座に位置が理解できる人はほとんどいないであろう。そのため、人と人との間で位置情報をやりとりする際には、住所や郵便番号などの「地理識別子《しきべつし》」と呼ばれる手段を用いて、間接的に場所の位置を指し示す仕組みが用いられる。この方法は「間接参照」と呼ばれている。ＧＩＳの一つの役割は、人間が生み出す間接参照の空間情報を、コンピュータが扱う直接参照の情報に置き換えて処理することにある。そのために、間接参照の位置情報を直接参照の情報（緯度・経度）に置き換える必要があるが、そうした作業はある程度自動化されて

表0-1　おもな空間参照の方法。Longley et al.（2005, p.112）などに基づき作成

方法	識別可能な範囲	量的情報	情報の精度（空間解像度）
地名	多様	なし	地物の種類によって異なる
所番地	グローバル	なし	住居表示の単位
郵便番号	国	なし	郵便番号区の面積
電話局番	国	なし	多様
緯度・経度	グローバル	あり	無限

おり、ジオコーディング（あるいはアドレスマッチング）と呼ばれている。[*4]

このように空間参照の方法には様々なものがあるが、それぞれの特徴をまとめると、表0-1のように整理できる。[*5]ここでは識別可能な範囲（参照先がただ一つ存在する空間領域）、量的（メトリック）な情報を含むかどうか、情報の精度（空間解像度）などを基準にしてまとめているが、どの方法が最適かは、伝える目的、相手、条件によって違ってくる。

3　地図の饒舌《じょうぜつ》さ

前述のように、直接参照では人間同士で位置の情報をやりとりするのは難しいため、間接参照を用いるのが現実的であるが、間接参照でも郵便番号や電話局番などのコードで所在地を理解できる人はまれであろう。たとえば、日本の市町村には総務省が付与した都道府県・市町村コードがあるが、職業柄、筆者はこのコードを使ったデータを扱う機会が多いため、「東京都は13、八王子市は201」というように覚えてしまっている。同業者の間でなら、これでも通

用する人もいるかもしれないが、一般の人で１３２０１が八王子市だとわかる人は、ほとんどいないはずである。

おそらく人間にとって最もわかりやすく間違いが少ない位置の表現は、地図を用いる方法である。地名との比較で地図表現の利点を述べた地名学者のカドモンは、「地図は、地理的位置を視覚的に示すためにこれまで開発されてきたどの図示手段よりもよくできているし役に立つ」[*6]と述べている。このことは、地図上の情報を言葉やコードに変換することの難しさを考えてみれば納得できるはずである。たとえば、物理学者で随筆家の寺田寅彦《とらひこ》は次のように述べている。

今、かりに地形図の中の任意の一寸《いっすん》角をとって、その中に盛り込まれただけのあらゆる知識をわれらの「日本語」に翻訳しなければならないとなったらそれはたいへんである。等高線ただ一本の曲折だけでもそれを筆に尽くすことはほとんど不可能であろう。それが「地図の言葉」で読めばただ一目で土地の高低起伏、斜面の緩急等が明白な心像となって出現するのみならず、大小道路の連絡、山の木立ちの模様、耕地の分布や種類の概念までも得られる。[*7]

このように、地図に表現された内容を言葉にするのは至難の業《わざ》で、地図でしか伝わらない情報の方がはるかに多いのは確かである。地理学は、このような地図を使って初めてわかる対象を扱う分野として成立した歴史を持っている。古代ローマ時代の地理学者・天文学者として著名なクラウディオス・プトレマイオスが著した『地理学』は、半分以上のページが主要な場所の地名と所在地の緯度・経度の一覧で占められているが、巻末にはそれらの位置を示した円錐《えんすい》図法の地図が添えられている。これは、地理学の役割は「既知の世界を一続きのものとして提示し、その形状特質と（宇宙における）位置とを示すことにある[*8]」と彼が考えていたためである。

逆に、言葉で表現された位置情報を地図に表すのも簡単ではない。たとえば、「東京」という地名は、東京都なのか、東京駅なのか、東京大都市圏なのか、人によって想起する範囲は同じではない。これを強引に地図に表そうとすると、一定の曖昧《あいまい》さを含んでしまう。これは、地理識別子としての地名の持つ限界を示しているが、別の面では地名は地図をより饒舌にする役割を持っている。そのことを、次に例を挙げて示してみよう。

4　言葉と地図

言葉と地図の関係を考えるとき、言葉で表された地名のない地図が全く役に立たないことは、図0－2の地図を見れば納得できるだろう。これは、『不思議の国のアリス』の作者として有名なルイス・キャロルの作品『スナーク狩り[*9]』に登場する海図で、スナークという架空の怪物を探し出す一行の隊長が購入したものとされる。図郭《ずかく》（地図が描かれる枠）の周りには、もっ

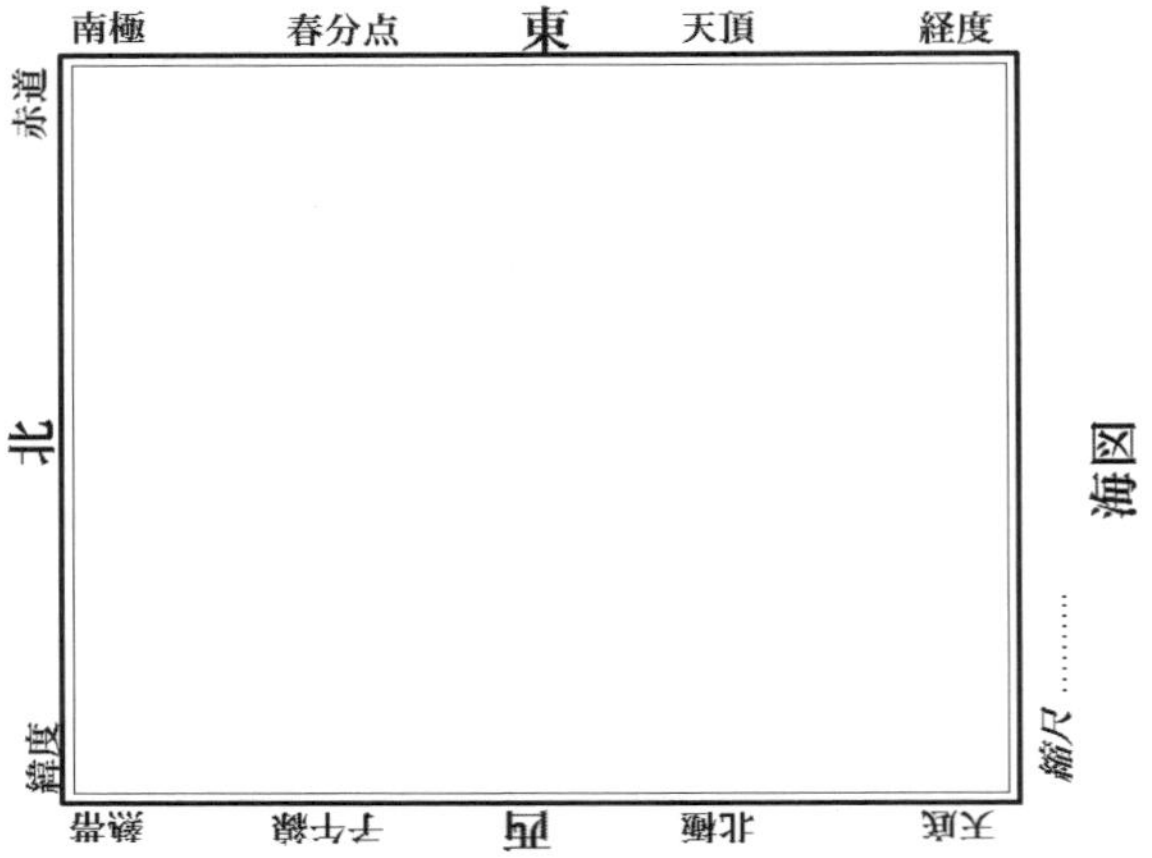

図0-2　『スナーク狩り』に登場する海図の模式図
キャロル（2007）に掲載の図をもとに筆者が作成

ともらしく方位や縮尺らしき記述が添えられているが、描かれたのがすべて海域なので、海岸線は存在せず、地名もない。つまり、この地図には位置を知る手がかりが全くないのである。

このような役立たない海図は、ユーモアの題材として物語の中で使われているわけだが、ウェブ地図が普及した今でも、そうした地図に出くわすことは珍しくない。たとえば、通信状態がよくない場所でタブレット端末に地図を表示する場面を想起してもらいたい。おそらく画面上には現在地を示すアイコンだけがむなしく現れるだけであろう（図0－3）。これはまさに先述の『スナーク狩り』に登場する海図そのものである。

この事例は、地図と地名の関係に改めて気づかせてくれるもので、地図の内容を現実世界に結び付けるためには、地名のような言葉の情報

図0-3　通信回線につながらない場所で携帯端末に表示される“地図”

が不可欠であることがわかる。言葉の役割という点では、現地で道案内をする場面なら、地図を使うよりも、「2番目の信号機を右折してすぐの角の左側」というように言葉で表現する方が役立つこともある。

これは、言葉というものが、空間の中に同時に存在するものの関係を描写するよりも、いろいろな出来事を物語ることに優れているためである。*10

このように、地図と言葉は、AかBかというように代替し合うこともあれば、互いに補完することもある。とくに視覚障害者向けの道案内や、運転中にカーナビを使う場面では、視覚的な地図情報は使えないため、音声案内に頼らざるをえないことがある。そうした「言葉の地図」の役割は、第7章でも取り上げるが、前述のように地図の情報をすべて言葉に置き換えるのは至難の業である。とくに、地図が地名と結びつくとき、相乗効果によって、きわめて饒舌な情報媒体になる。

5　本書の構成

スマートフォンや携帯電話が普及した今日では、道案内のような身近な場面で地図が使われる頻度はますます増えてきており、現代人の生活の中で地図は欠かせない存在になりつつある。しかし、何でも地図にすれば事足りるわけでもないし、地図に頼りすぎるのもまた危険である。たとえば、カーナビの地図情報が古くて間違った道案内にはまった事例も数多く報告されている。情報そのものに間違いが含まれている場合もあるが、地図表現の拙《つたな》さが間違った情報を伝えたり、効果的に利用されない原因になることもある。つまり、地図の表現にも一定のルールがあって、それなりの工夫が必要である。

ひとくちに地図といっても、デフォルメされた略図・案内図から、測量図をもとに作られた詳細な地図まで様々なものがある。とりわけＩＣＴとともに発達した地理情報技術によって、地図の表現も多様化し、その使い方も大きく変化してきている。いまでは、３Ｄ、アニメーション、音声、およびそれらを組み合わせたマルチメディア地図など新しい地図表現が次から次へと誕生しており、表現の仕方によって伝わる情報にも違いがある。

このような地図の変化は、人間が空間を把握する仕方、言い換えれば「ここどこ」に答える能力としての空間認知にどのような影響を与えるのだろうか。本書では、デジタル化によって進化した地図と人間の空間認知の関係性について、地図学と関連分野の最新の成果に基づいて述べてみたい。

第１部では、まず地図の起源から最新の地図までの進化の跡をたどりながら、地図が持つ一貫して変わらない特性とデジタル化以降の地図の特色を明らかにする。続く第２部では、地図の読図能力の男女差をめぐる話題から始めて、認知地図（頭の中の地図、メンタルマップともいう）と地図との関わりについての過去の研究を整理した上で、それが人間の空間的思考や行動にどのように影響するかを解説する。そして第3部では、デジタル化によって地図と人間、社会との関係がどのように変容しつつあるかを、最新の研究成果をもとに考えてみたい。

［注］

＊1　ＩＰアドレスはサイバースペースでの住所に相当するものであるが、それ自体は実空間の位置を表すわけではない。ＰＣや携帯端末が接続されて経由するルータの位置を知ることで、それぞれのＩＰアドレスが使われている位置を判定することができる。実際、ＩＰアドレスから住所を割り出すサービスを提供するウェブサイトもいくつか存在する。

＊2　村越（2013）

＊3　Gould & Pitts（2002：315–316）

＊4　たとえば、東京大学空間情報科学研究センターが提供しているＣＳＶアドレスマッチングサービスなどがある。http://newspat.csis.u-tokyo.ac.jp/geocode/

＊5　Longley et. al.（2005）

*6　カドモン（2004：24）
*7　寺田（1948）
*8　織田（1986：1）
*9　キャロル（2007）
*10　トゥアン（1988：123）

第1部　地図の今昔

第1章　地図の起源を訪ねて

1　古代人も地図を描く

2016年の夏、私は北イタリアにあるカモニカ渓谷（Val Camonica）をめざして列車の中にいた。ミラノから特急で1時間ほどのところにあるブレシアでローカル線に乗り換え、2時間近くかけてたどり着いたカポディポンテ村は、スイス国境に近いアルプスの麓《ふもと》に広がるU字谷の入口付近に位置している。夏の観光シーズンにもかかわらず、人気《ひとけ》が少なくひなびた村の風情から、ここがイタリアで最初の世界遺産となった線刻画（petroglyph）群の所在地であることを想像するのは難しい。世界遺産の対象となった14万点にのぼる線刻画は、谷の両側に広がる丘の斜面に散在しており、私が目当てにしていた先史時代の地図として有名なベドリーナ図も、その一角を占めていた。現地ガイドの案内で訪れたその場所は、谷を眼下に望む見晴らしの良い丘の上にあった（**写真1－1**）。

写真1-1　岩に描かれたベドリーナ図（筆者撮影）

ベドリーナ図は、氷河の侵食によって平坦に削りとられた自然のキャンバスの上に、浅く刻んだ点と線で描かれている。青銅器時代の紀元前１５００年頃にこの土地に居住していたカムニ族が描いたというこの地図は、山麓に広がる村の景観を表しており、道路、家屋、耕地、家畜などが点や線からなる幾何学的な記号で表現されている。３０００年を超える風雪に耐えて残った線刻画は、いまでも当時の景観を地図の痕跡にしてとどめている。

　最近になって、これと似た岩絵地図がすぐ傍の岩でも見つかっているが、それは描かれた谷をじかに眺めるのは難しい場所にある。また、家屋や家畜が抽象化されて描かれているため、絵画というよりも想像によって再構成された地図と呼んでよいだろう。また、谷を挟んで反対側の斜面にある国立公園内の線刻画は、より古い時代のものと推定される。それらは狩猟や祭《さい》祀《し》をモチーフにしたものが多く、対象物は抽象化されているとはいえ、地上の視点で描かれた絵画の性格が強い。谷を挟んで異なる時代と表現を持つ線刻画群を比較すると、地図は絵画の延長に位置付けることができる。

　ベドリーナ図については、数多くの地図史のテキストなどで頻繁に取り上げられているので、ここではその表現や内容に深入りすることはしない。しかし、それらの文献に掲載された地図の図版からはうかがい知れないことが、現地を訪れて初めてわかることもある。たとえば、この地図の大きさは約２・３ｍ×４・２ｍで、少し離れないと全体を見渡すことはできない。もちろん持ち運びはできないため、道案内に使うようなものではない。そのかわり、緩斜面に描かれているので、大勢が地図を囲んで話し合ったり、祈りを捧げるような儀式には適しているかもしれない。ちょうど私が訪れた日は、年に数回しかない岩絵地図のライトアップ観察会が開かれていた。これに参加したところ、ライトに照らされて闇に浮かび上がる線刻画は、昼間に見たときよりも鮮明で、宗教的儀式にふさわしい荘厳《そうごん》さをたたえていた。

いまとなっては、ベドリーナ図が描かれた目的や用途は知るよしもない。だが、一つだけ確かなことは、他の多くの地図と同じように、ある集団が地理的情報を共有するために作製されたであろうということである。また、同じ岩の上の地図でも同時に描かれたわけではなく、異なる時代の人たちが書き加えた要素があることもわかっている。こうした特徴は現代の地図にも共通するものであり、地図を作製し利用すること自体が社会的な行為なのである。つまり、地図はその起源において、地理的環境―人間―社会をつなぐ媒介物の役目を担うとともに、たえず書き換えられるダイナミックな存在であったといえる。

2　地図の進化から見えてくるもの

ベドリーナ図に描かれた景観を現代の地図作製技術を用いて捉《とら》え直すために、グーグルマップを用いてカモニカ渓谷付近を示したのが図1―1である。グーグルマップの地図記号は市街地や道路が主体であるため、土地の状態を詳しく捉えるのは難しいが、世界規模で整備された数値標高データを用いれば、陰影図を作製して地形の起伏を表すことも容易になっている。さ

図1-1　グーグルマップで描いたカモニカ渓谷の地勢

らに、地図を空中写真に切り替えて３Ｄ表示すれば、土地利用を含めたカモニカ渓谷のリアルな景観が再現できる（図１－２）。こうして現代の地図は、同じ地域を様々な表現を用いて描くことによって、多面的な地域の姿を提示している。そのため、地図の読み手はベドリーナ図の時代とは異なる形で空間を認識し、新しい方法で地図を利用することになる。

いうまでもなく、３０００年以上の悠久の時を経て、同じ地域を描いたこれらの地図は、その間の地域の変化だけでなく地図作製技術の進歩をも反映している。とりわけグーグルマップが登場した２００５年以降、わずか10年ほどの間に、地図作製に関わる様々な技術が長足の進歩を遂げてきた。たとえば、携帯電話やスマートフォンなどの携帯端末が通信回線に接続されていれば、時と場所を問わず最新の地図を手に入れることができる。

図1-2　グーグルマップで描いたカモニカ渓谷の景観

また、ＧＰＳが組み込まれたカーナビを用いれば、現在地を自動的に把握しながら行き先まで機械が道案内してくれる。

ベドリーナ図と並んで古代の地図史で著名なのが、紀元前７５０～５００年頃に作製されたとされるバビロニア（現代のイラク付近）を描いた粘土板地図である（写真１−２）。地図の中央の穴の上にある長方形が首都のバビロンで、それを挟んで縦に伸びる線はユーフラテス川を表している。世界は円盤として描かれ、周囲を取り囲む海の外側には未知の土地が広がるという、古代バビロニアの世界観が反映されている。

この地図は現在、ロンドンの大英博物館に展示されているが、現物を間近に見ると、印刷物で見たときの印象とは違って、スマートフォン程度の小ぶりなサイズ（12㎝×８㎝）に驚かされる。これは携帯可能な大きさではあるが、スマートフォンのように持ち歩いてナビゲーションに使用したとは思えない。この地図が作られた目的や用途は不明とされているが、地図の上にはくさび形文字で世界の成り立ちについての解説文が添えられていることから、当時の世界観を伝えるために作成されたと推定される。

写真1-2　バビロニアの粘土板地図（筆者撮影）

　こうした地図の歴史をたどってみると、地図の素材が岩や粘土板、布や皮、紙へと長い時間をかけて移り変わった後、現在では電子媒体に移行したことがわかる。ここで、素材の違いによる地図の形態的特徴は、①携帯のしやすさ、②保存・管理のしやすさ、③加筆・修正のしやすさ、④複製のしやすさ、といった側面から捉えられる。[*1] これらの点からみて、デジタル地図は①の点を除いて、紙の地図よりすぐれていることがわかる。

　つまり、紙の地図と比べてデジタル地図は、電子媒体に記録されるため保存・管理や加筆・修正が容易で、記憶装置次第で情報量も飛躍的に増やすことができ、複製も簡単に作ることができる。携帯の面では、折りたたみができる紙の地図の方が優れているとはいえ、地図帳についていえば、携帯端末で呼び出して使える点で、デジタル地図の方が優れているともいえる。もし手頃な電子ペーパーが開発されれば、携帯性の面でも紙の地図を上回るかもしれない。

こうした変化は、地図の利用方法や用途に影響を及ぼすだけでなく、人間の空間認知や社会と地図との関係も変化させる可能性がある。しかし一方で、一目では見通せない空間を縮小し記号化して表現するという地図の本質的な機能は変わっていない。また、デジタル化が生み出したウェブ地図は、利用者の裾野を拡大して利便性も向上させたことは間違いないが、他方で地図利用者の視野を狭めることにつながるという指摘もある。ここでは、地図を通した人間の空間認知に焦点を当てながら、デジタル化以降の地図の進化とその背景となる社会の状況をふまえつつ、地図―人―社会の関係がどのように変化してきたかについて、具体的事例に則して考えてみたい。

3　地図と文字の関係

バビロニアの粘土板地図では文字が添えられていたが、地図は文字が誕生する以前から存在したと考えられる。最古の地図は、旧石器時代にあたる紀元前2万5000年頃のものと推定されるチェコのパブロフ図だといわれているが、[*2]それはマンモスの牙《きば》の表面に居住地や蛇行する河川のようすを彫刻したものである。前述のベドリーナ図が描かれた青銅器時代には、メソポタミアなどで文字の使用はみられたものの、カモニカ渓谷の岩絵に文字らしきものは含まれていない。これは、文字の使用に先立って描かれたことを示唆している。しかし、ベドリーナ図には人や家屋を絵文字（ピクトグラム）のような様式化された記号で描いた部分もある。絵文字から表意文字へと展開したのが文字の一つの発達系列だとすれば、文字と地図記号が同じ起源を持つと考えてもよいかもしれない。

地図を用いた情報伝達で文字が必要とされるのは、身振り手振りや話し言葉でじかに説明することができない場面で、不特定多数の利用者に地図だけで場所を指し示すようなときが考えらえる。たとえば、図１－３（a）は、日本のある地域の地形図から文字を取り去って等高線だけで描いた地図であるが、これで場所がどこかを答えられる人はおそらくほとんどいないだろう。では、文字注記を含めた等高線以外の記号で表した図１－３（b）ではどうだろうか。おそらく東京に住んでいれば、地名の「高尾町」、「高尾登山電鉄」といった注記から、八王子市の高尾山周辺の地図だとわかる人は少なくないだろう。

このように、地図にとって地名を含む文字注記は、地理識別子として地図が表す場所を示すための有力な手がかりとなる。また、図１－３（b）の中央部にある直線が鉄道やケーブルカーであることも、文字注記を読んで初めて理解できる。通常の地形図であれば、図郭《ずかく》の外側に記号とその意味を記した凡例《はんれい》が添えられており、地図記号を理解する手がかりとなる。そのため、地図と文字は現在では切っても切れない関係にあるといえる。とりわけ地名は、文字情報の中でも特異な性格を持っており、地図と現実世界をつなぐのに重要な役割を担っている。

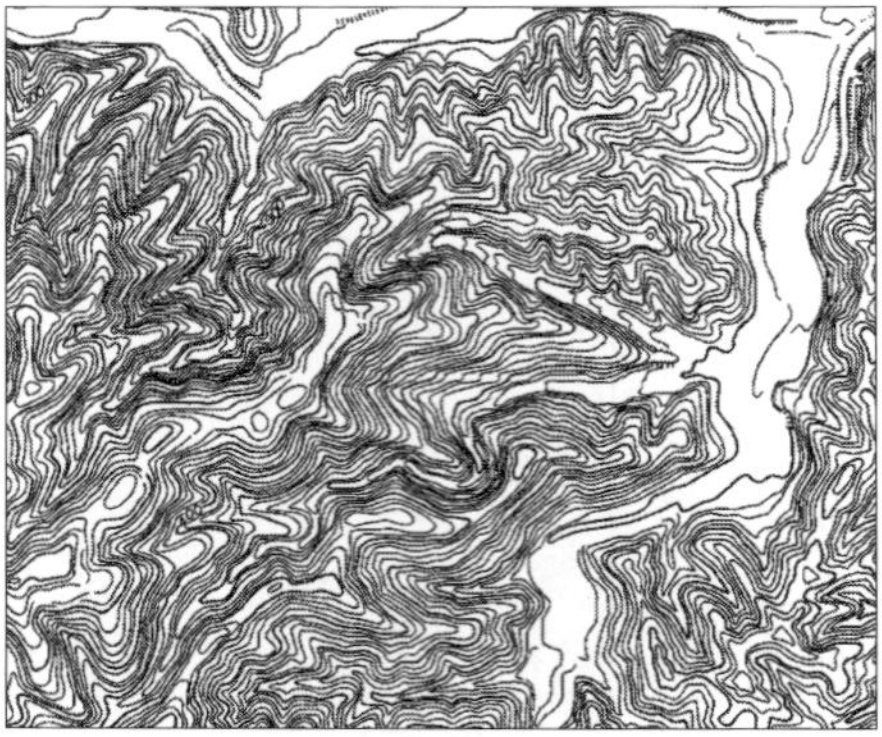

（a）等高線のみ

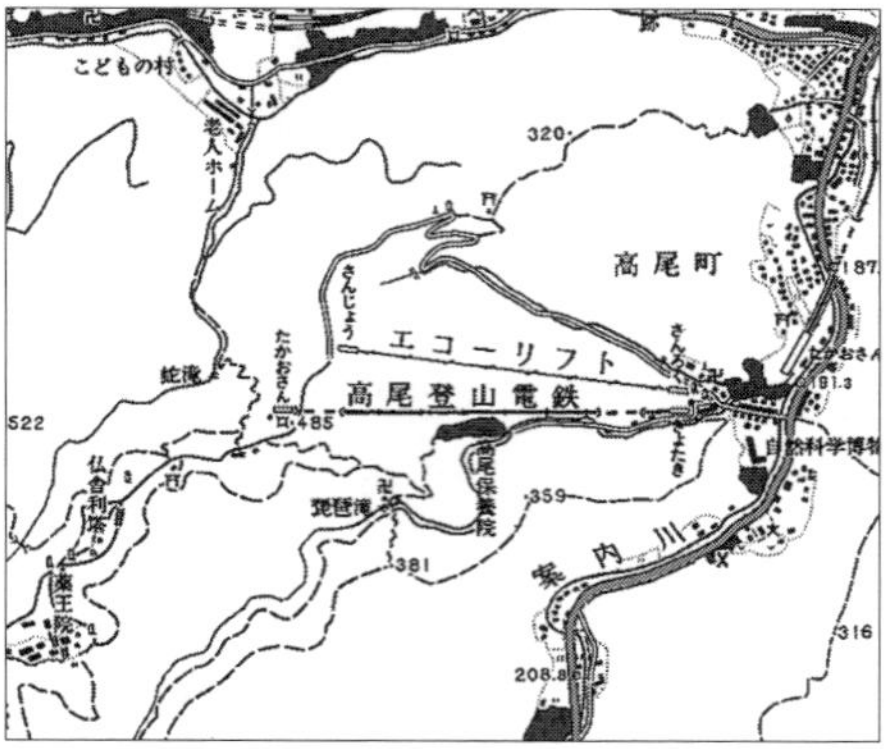

（b）地図記号と文字

図1-3　地形図の要素の分離
国土地理院数値地図25000（地図画像）より作製

4　デジタル化が変える地図

前述の図1－3のように、地図に表示する要素を自由に選べるようになったのは、地図がデジタル化されたことが一つの背景となっている。こうしたデジタル地図を処理するＧＩＳでは、地図の情報を点、線、面（多角形）の幾何学的要素からなるレイヤ（層）に分けてデータとして貯蔵し、必要に応じて処理を加えて地図化することが可能である（第7章参照）。その際、同じデータから様々な表現の地図を描くことができるため、デジタル化は地図表現の多様化をもたらしたといえる。

こうしたデジタル化による変化は、つまるところ、地理空間データと地図の素材や表現とが分離した結果といい換えることができる。場合によっては、地図に表さずにデータのまま処理して利用される地理空間データもある。たとえば、カーナビではモニター上にユーザの好みに合わせた地図が表示できるが、運転中はモニター画面を凝視することが道路交通法で禁じられているため、通常は音声で道案内を行うことになる。その際に使われる情報には、基本的に地図表示に使われるものと同じデータが使われている。

このようにして、コンピュータのメモリーの容量が増大するにつれて、記録可能なデータの量は飛躍的に増えてきた。一方、同じデジタルデータから、紙地図だけでなく、３Ｄ模型、動画、音声など多種多様な表現が可能になり、地図が描かれる素材の幅も広がった。こうしたデジタル化が地図とその利用者にもたらした影響については、第3部で詳しく検討したい。

5 「原寸大地図」のパラドックス

昔も今も変わらない地図作製者の願望は、精緻《せいち》を極めた地図を作り上げることにあったと考えられる。これに関連した寓話としてよく知られているのが、アルゼンチンの作家ボルヘスによる「学問の厳密さについて」という次の物語である。

地図学院は帝国の地図を新たに作り上げた。これは帝国と同じ寸法で、一点一点、実物に照応するものであった。時代が下るにつれて、人びとは地図学研究に対する興味を失い、このだだっ広い地図を無用の長物と考えるようになった。そこで人びとは失敬にもそれを打ち捨て、無情な日や雨にさらした。*3

この寓話は様々な解釈が可能で、社会学では、オリジナル（現地）とコピー（地図）の倒錯した関係を暗示するものとして引き合いに出されることが多い。*4 つまり、地図という国土のコピーが朽《く》ち果てることは、オリジナルとしての帝国の滅亡を先取りしているという解釈である。これとは別の解釈として、原寸大の地図のパラドックスとして理解すれば、読み手のことを考えない地図作りが無意味なことを暗示しているともいえる。高い精度と詳細さを追い求めてきした近代の地図作りは、ある意味で原寸大地図を究極のゴールにしてきたともいえるが、表現しだいでそれは無用の長物となるかもしれないのである。

これとよく似た原寸大の地図は、ルイス・キャロルの『シルヴィーとブルーノ完結編』（11章）でも使われている。そこでは、登場人物が自国の地図作りを自慢する中で縮尺1分の1の地図に言及する。しかし、完成した地図をいざ使おうとしたところ、国中が地図で覆われて日が差さなくなることを理由に農家が反対したため、代わりに大地そのものを地図代わりに使うことになったという結末が語られている。序章でも取り上げた、キャロルのナンセンス作品である『スナーク狩り』には、情報があまりに乏しいため使えない地図（海図）が登場したが、他方で『シルヴィーとブルーノ完結編』に登場する原寸大地図のように情報が過剰な地図もまた使い物にならないことが、この作品で暗示されているのである。[*5]

しかし、原寸大地図はデジタル化によって、形を変えて現実のものになりつつある。たとえば、グーグルマップやグーグルアースはVR（バーチャルリアリティ）による臨場感あふれる地図表現として、すでに広く使われている。

図1‐4は、別の例としてマップ・ファン・AR・グローバルというスマートフォンのアプリの画面を示している。このアプリでは、経路検索した後でスマホを目の前にかざすと、画面上の景色に重ねて進むべき針路が表示される仕組みになっている。このアプリが使用しているようなAR（Augmented Reality、拡張現実）の技術は2016年にヒットしたポケモンGO

図1-4　スマートフォンのARアプリの例：Map Fan AR Global
出典：http://www.mapfan.com/iphone/arg/

（Pokémon GO）でも採用されている。

デジタル地図が持つ紙地図と大きく異なる特徴として、同じデータを使ってもモニター上では様々な大きさの地図を描くことができるという点がある。そのため、デジタル地図では「X分の1」といった縮尺表記が意味をなさなくなるのである（あるいは、データの精度という別の意味を持つようになったともいえる）。つまり、デジタル地図では縮尺を自在に変えることができるため、大きなスクリーンに投映すれば、原寸大地図を描くことも難しくはない。このようにして、ボルヘスのおとぎ話は現実のものになったのである。

とはいえ、縮尺が地図の使い道を規定することに変わりはない。たとえば、街中《まちなか》を歩き回ったり登山をするとき、日本全図で使用される縮尺100万分の1の地図は必要ない。これに対して、国の領土を主張する場合には、縮尺1万分の1のように詳しすぎる大縮尺地図ではかえって使いづらいであろう。このように、デジタル化で縮尺の概念が変わったとはいえ、情報の詳しさや精度に連動する性質として、その重要性はなくなってはいない。

一方、原寸大地図の出現は、地図の定義そのものに見直しを迫るものでもある。地図の一般的な定義は、「地表の諸物体・現象を、一定の約束に従って縮尺し、記号・文字を用いて平面上に表現した図」[*6]とされている。この定義に従えば、縮尺1分の1地図は、もはや地図とはいえない。しかし、前述のように自在に縮尺を変えられるデジタル地図では、「固定された縮尺」という概念そのものが意味をなさない。いまや、デジタル地図を含めた地図の新たな定義が求められているのである。

［注］

＊1　若林幹夫（2009：290）

＊2　金窪（2001）

＊3　ボルヘス（2011）

＊4　たとえば、ボードリヤール（1984）、若林幹夫（2009）など

＊5　http://longuemare.gozaru.jp/hon/carroll/carrollcontents.html

*6　『広辞苑　第六版』岩波書店

第2章　地図の万華鏡

1　地図界の〝カンブリア大爆発〟

外国を旅して帰国するとしみじみ感じるのは、日本ではちまたに地図があふれていることである。その背景の一つとして、道路名と番地による道路方式の住居表示で位置が示せる欧米とは違って、街区方式の住居表示が普及した日本では、地図を必要とする場面が多いことがある（図2―1）。こうした日本の文化的特徴は、フランスの著名な批評家であるロラン・バルトも、日本を訪れたときの経験を綴ったエッセイ[*1]の中で触れており、彼は日本人が所在地を示すために道案内図を上手に描くのを見て驚嘆したという。

日本でも一昔前に地図といえば、紙に印刷された道路地図、観光案内図、地形図など種類は限られていたが、現在では書店の地図コーナーには、まち歩きのための地図、災害時の帰宅支援地図、微地形も読み取れる立体表現の地図など、多種多様な地図がところ狭しと並んでいる。

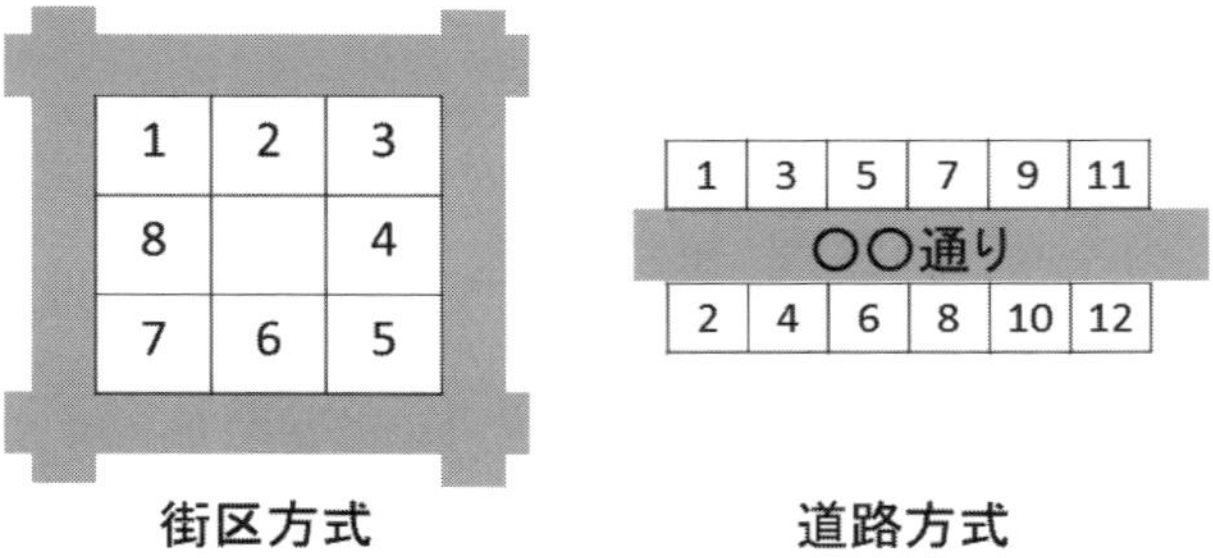

図2-1　住居表示における街区方式と道路方式の番地の付け方の違い

さらに、ウェブ上ではヤフー（Yahoo!）などのポータルサイトやグルメ情報サイトにも、ほぼ例外なく地図のページが用意されている。

こうした地図の多様化は、1970年代から始まったデジタル化をきっかけに急速に進展した。前章でも述べたように、デジタル化が地図にもたらしたのは、煎《せん》じつめれば、データの記録（貯蔵）と表現の分離であったといえる。[*2] 図2-2は、デジタル化に伴って地理空間情報の取得方法が多様化したこと、またそれによって得られた情報がデジタルデータとして一元化され、様々な表現で出力されるという、現代の地図作製の特徴を図で示したものである。

地理空間情報の取得については、当初は既存の紙媒体の地図をスキャンしたり数値化することによって、デジタル化が進められてきたが、その後は人工衛星や測量機器を用いて直接デジタルで作成された地理空間情報が取得できるようになった。こうして収集されたデータは、コンピュータの記憶装置では0か1の値をとるビット単位の磁気的記録として一元的に貯蔵され、

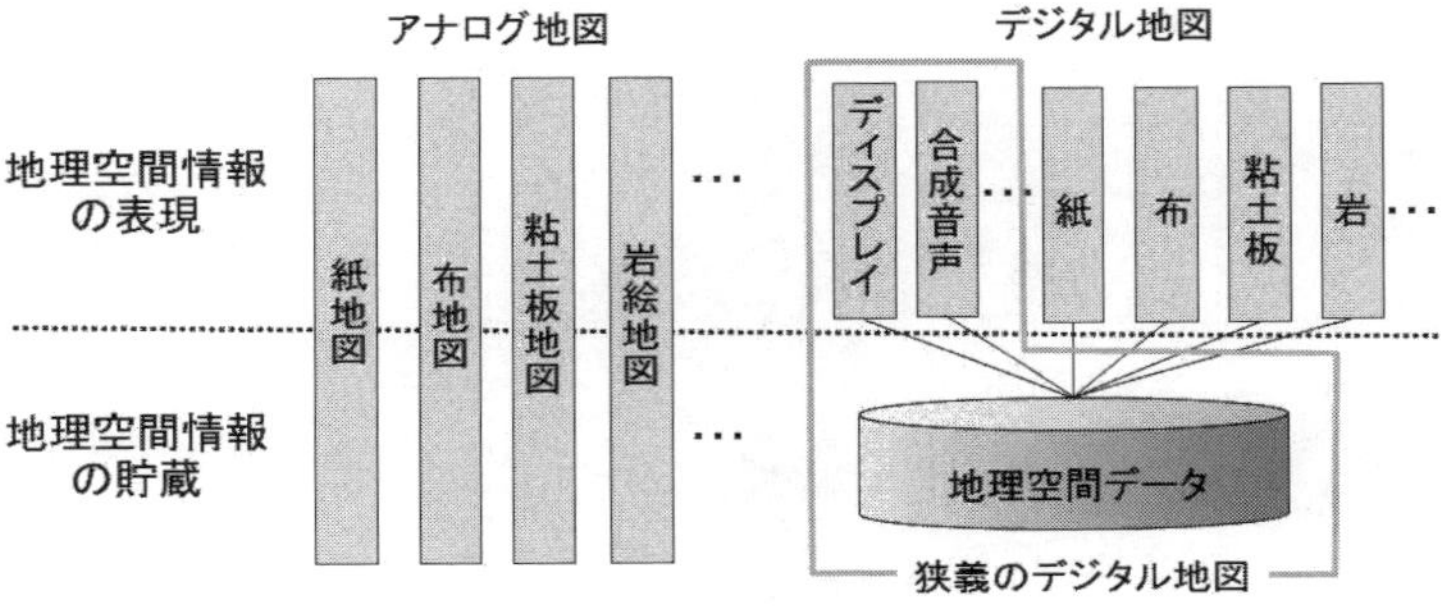

図2-2　地図のデジタル化の概念図

必要に応じて引き出して利用される。その際、同じデータから幾通りもの異なる表現の地図を作ることができる。とくに、デジタルデータの場合、ビジュアルな画像としてだけでなく、音声に変換したり、３Ｄプリンタを用いれば手で触れられる立体表現も可能である。

　つまり、デジタル化によって貯蔵と表現が分離されたことにより、多種多様な地図データの表現が可能になったのである。こうした状況は、生物の進化の歴史になぞらえれば、急激に動物種が増えた5億３０００万年前頃のカンブリア大爆発にたとえられるかもしれない。その原因の一つとされているのは、目を持つ動物が増えたことである。これによって、動物間の生存競争が激しくなった結果、競争上有利な形質を獲得した種が増えて多様化していったと考えられている。[*3] これと同様に、地図のデジタル化もまた、表現の幅が広がることによって新しい地図の需要に対応するために、創意工夫をこらした多種多様な地図が作られるようになったといえるだろう。

表2-1　新しい地図の分類（Moellering［1980］に基づいて筆者が作成）

		手で触れられる	
		はい	いいえ
目に見える	はい	永続性のある地図（例：紙に描かれた地図、地図帳、地球儀など）	バーチャル地図・タイプ1（例：CRT画像、想起された認知地図など）
	いいえ	バーチャル地図・タイプ2（例：地名集、CDやDVDに収めた地図データなど）	バーチャル地図・タイプ3（例：インターネットや磁気ディスク内の地図データ、長期記憶に貯蔵された認知地図）

2　紙の地図とデジタル地図

こうしたデジタル化による地図の多様化は、地図のとらえ方にも見直しを迫るものであった。アメリカの地図学者モエラリングは、デジタル化によって登場した新たな地図を表2－1のように位置付けている。

この表では、永続性があって手で触れられる（tangible）かどうか、画像として直接見ることができる（visible）かどうか、という二つの基準にしたがって、地図が4タイプに分けられている。そのうち、従来の地図は永続性があって手で触れられるタイプに含まれるが、デジタル地図は、それ以外のタイプの「バーチャル地図」のいずれかに該当する。バーチャル地図には、人間の認知地図（頭の中の地図ともいう）も含まれるが、このことはデジタル地図と認知地図の類似性を暗示している（詳しくは、第2部参照）。

このように、地図のあり方を大きく変えたデジタル化は、従前の紙地図の限界を克服することにつながった。ＧＩＳ研究で有名な地理学者グッドチャイルド[*4]は、情報伝達媒体としての紙地図の限界として、

①五官の中で視覚だけを使用する
②平面に描かれる
③縮尺が均等である
④印刷後の変更が困難である
⑤規模の経済に基づいて大量生産される
⑥対象地域内を余すところなく描く
⑦情報は正確で不確実なものは排除される
⑧生産が遅い

という点を指摘した。これらの難点の多くは、デジタル化によってほぼ解消されている。

たとえば、①と②については、デジタル化が可能にしたマルチメディア表現によって、聴覚を用いる音声地図や触覚を利用する触地図、３Ｄや動画での地図作製も容易になった。③については、前述のように縮尺という概念そのものがデジタル地図では意味をなさなくなり、自在に縮尺を変えることができるようになった。④と⑧については、データを書き換えることで地図の更新が容易になり、地図作製のスピードも速まった。⑤〜⑧については、ユーザが必要に応じて地図に表示するレイヤを選択したりして、自分だけのオリジナル地図が作れるように

なった。⑦については、曖昧《あいまい》な質的情報を必要に応じてデジタル地図に表示することが可能である。

こうした変化は、数千年（あるいは数万年）にわたる地図史の中では、ここ数十年間に起きたほんの一瞬の出来事といえる。しかし、これによって地図の制作、流通、利用のあらゆる場面で大きな変化がもたらされたことは間違いない。

3　一般図と主題図

このように多様化してきた地図を分類する際には、素材、形態、用途、作製方法、縮尺など種々の基準が用いられる。その中でも重要な区別として、内容・使用目的に基づく「一般図」と「主題図」という分け方がある。

一般図とは、使い途が限定されない汎用性の高い地図で、その代表例は国土地理院が発行する地形図である。地形図には、等高線、河川、道路、公共施設、植生など、国土の骨格となる主要な地物《ちぶつ》と地表の状態が表されており、土地の分類、地形の計測、登山など、様々な用途に利用されている。身近な例としては、グーグルマップも一般図の一種で、様々な地物の位置を示すウェブ地図のプラットフォームとして広く利用されている。一方、国土地理院も２０１３年から地理院地図というウェブ版の一般図を公開している（図２－３）。

一方の主題図は、一般図をもとにして特定のテーマを強調して描いた地図を指す。身近な例

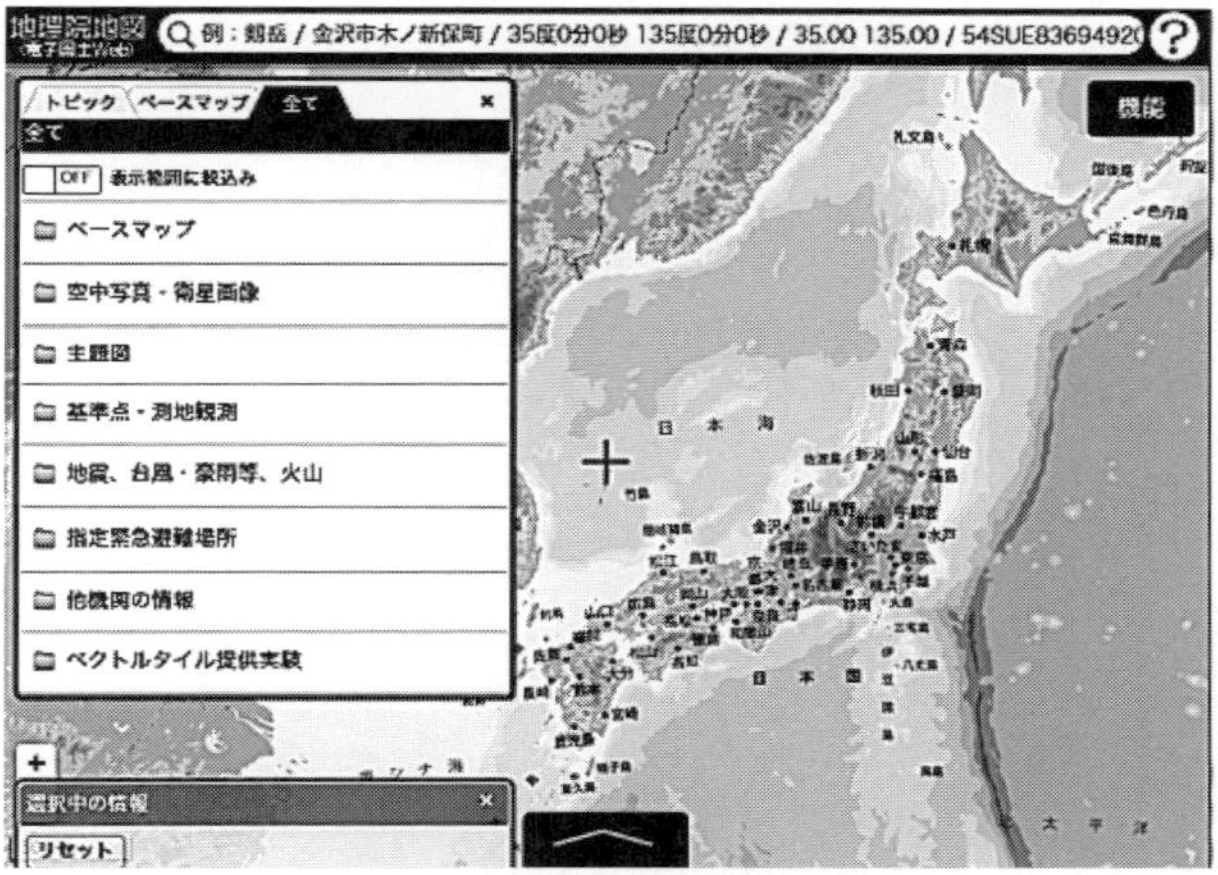

図2-3　地理院地図の初期画面（http://maps.gsi.go.jp）

では、災害リスクを表すハザードマップ、飲食店を地図に示したグルメマップ、人口統計に基づいて色分けされた統計地図などがある。現在、これらの主題図は、表す地物の緯度・経度情報があればグーグルマップのAPI（Application Programming Interface）を用いてウェブ地図上で容易に作ることができる。前述の地理院地図でも、様々な主題図のレイヤを重ねて表示する機能が用意されており、図2-3のように初期画面のメニューから主題図を選択して、一般図に重ねることができる。

ところで、前章で述べたベドリーナ図のような原初的な地図は、作製目的が何であれ、特定の用途に限定して作られた一種の主題図であったともいえる。また、中世に境界紛争の解決のために作られた荘園絵図にしても、キリスト教の宗教的世界像を伝えるために描かれたTO《ティーオー》図にしても、目的が限定されていたという意味では主題図の一種といえるかもしれない。

一般図が登場するのは、むしろ近代国家の成立以降ではないかと考えられる。見方を変えると、政治学者のベネディクト・アンダーソン[*5]が述べたように、国家事業として作製された地形図をはじめとする官製地図は、想像の共同体としての国民国家を可視化するために、一般図でありながら主題図としての性格も併せ持っていたともいえる。その意味では、一般図と主題図という区別は、一つの尺度上の両極に位置する相対的なものにすぎない[*6]。

4　地図の力

ハザードマップにせよ、グルメマップにせよ、主題図は利用者が災害時の避難先や飲食店を選ぶのに役立てるという、特定の目的に合わせて内容を絞ったり表現に工夫をこらしたりしている。こうした社会的要請に応えるために作製された主題図がある一方で、学術面でも地図によって新しい学説の発見につながった例もある。ここでは、こうした地図が威力を発揮した事例を紹介してみたい。

（1）柳田国男の方言地図

まず、科学的発見のための地図の例としてよく知られているのは、民俗学者・柳田国男の「方言周圏《しゅうけん》論」に使われた分布図がある。その学説が示された柳田の『蝸牛考《かぎゅうこう》』[*7]には、「か

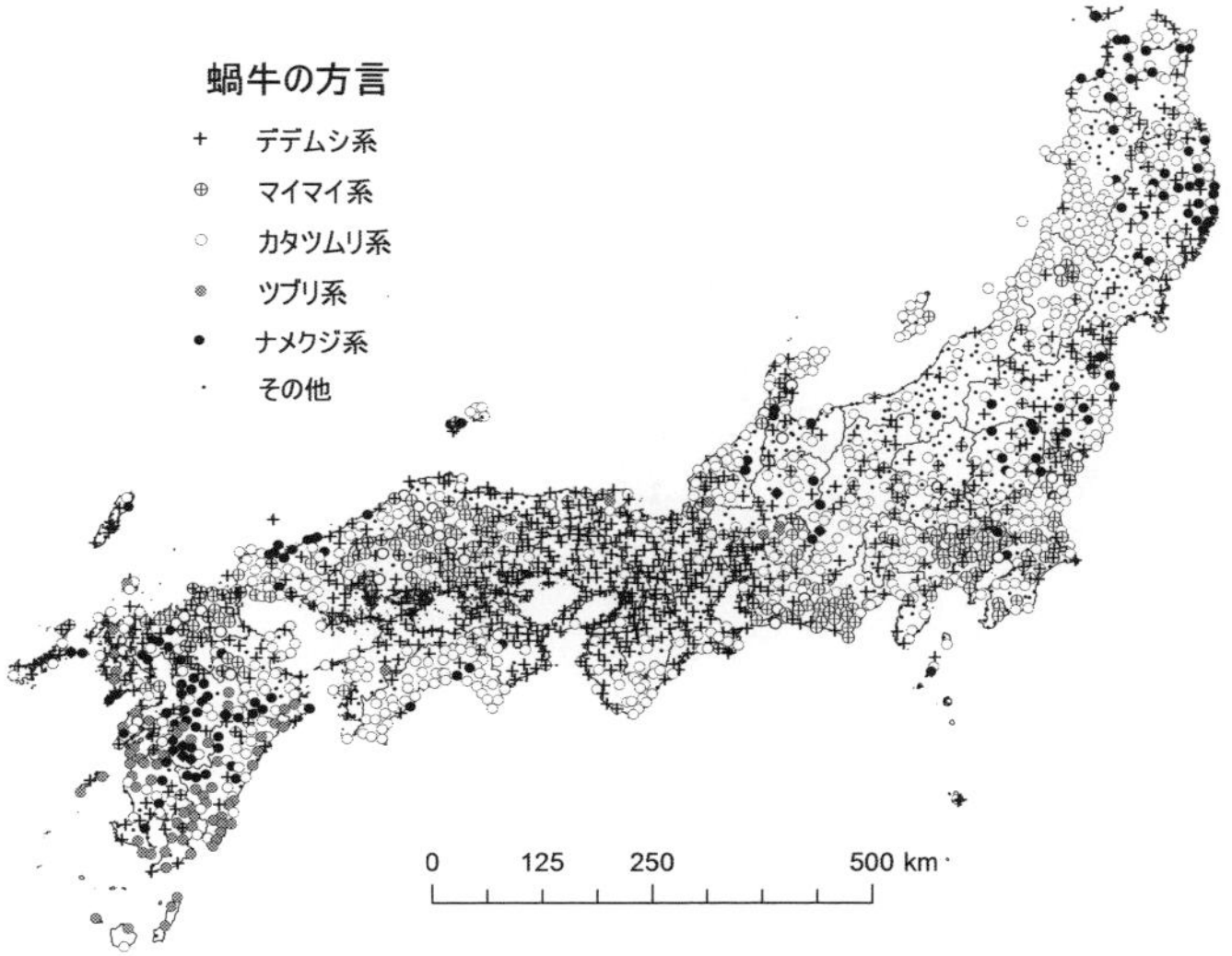

図2-4　蝸牛の方言分布。国立国語研究所の『日本言語地図』データベース（LAJDB）を用いて筆者が作成。範囲は柳田（1930）が対象にした本州・四国・九州の範囲のみを示す

たつむり（蝸牛）」の方言ごとに使用される地域の分布図が示されている。図２－４は、国立国語研究所の『日本言語地図』データベースを用いて、これを再現したものである。この図では柳田が示したほど明瞭ではないものの、語の発生時期が最も新しいデデムシ系が近畿地方に分布し、それを取り囲むようにマイマイ系、カタツムリ系、ツブリ系の順で分布が見られ、最も古い起源をもつナメクジ系が国土の外縁部に分布するという圏構造が見いだされる。

　これを説明するために、柳田は文化的中心で発生した新しい言葉は周辺に伝播《でんぱ》してゆくため、辺境ほど古い言葉が残るという方言周圏論を考えたので

ある。このように、ある事象の地図上の分布パターンからその形成過程を推理するのは、地理学研究では常套《じょうとう》手段でもある。

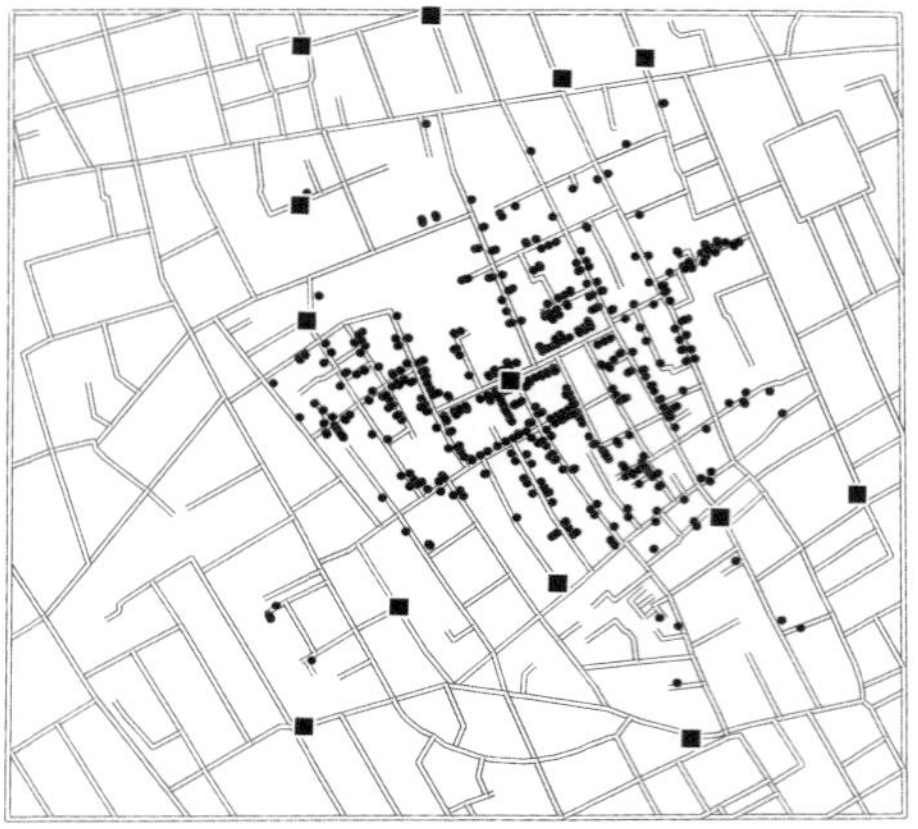

図2-5　ジョン・スノーが作製した分布図を再現した地図。黒丸が患者を、四角が公共井戸の位置を表す（米国NCGIAのRusty Dodsonが作成したデータに基づいて筆者が作製）

（2）ジョン・スノーのコレラ地図

一方、問題解決のための地図の例には、ハザードマップ、犯罪地図、疾病地図など、リスクを表す様々な主題図がある。犯罪、災害、疾病などのようなネガティブな情報は、不動産価値に影響を与えたり、地域に負の烙印《らくいん》を押す（stigmatize）ことにもつながるため、従来は公開されない場合が多かった。しかし、人々のリスクへの関心が強まるにつれて、危機管理に役立つ情報の公開を歓迎する機運も高まっている。

疾病地図の事例としてよく知られているのは、英国のジョン・スノーという医者が作製したコレラ地図がある。[*8] 彼は、19世紀のロン

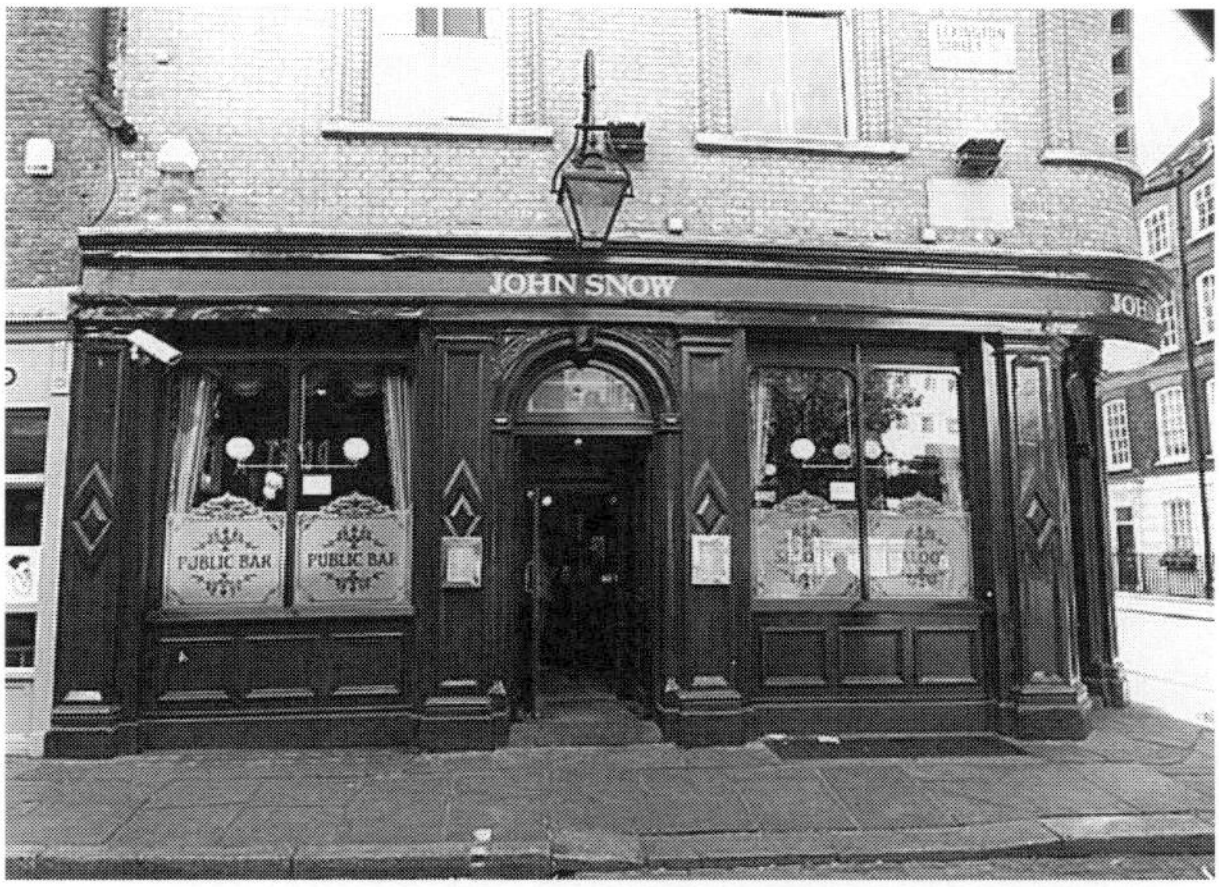

写真2-1　ジョン・スノーの名を冠したロンドンのパブ（筆者撮影）

ドンで流行したコレラの感染源をフィールドワークと地図によって突き止め、行政当局に汚染源の公共井戸の使用を止めるよう進言した結果、コレラの感染を食い止めるのに成功した。彼の功績は、主題図を現実の問題解決に応用した典型例として、しばしば取り上げられている。図２－５は、スノーが作製したコレラ患者の分布図の一例で、この地図からは、患者の密度が高い中央部にある公共井戸が感染源と推定される。

彼の功績は、地元ロンドンはもとより、公衆衛生学や地図学でも国際的に知られており、現在でもコレラの感染源となった井戸のレプリカが、ごく最近まで現地のブロードストリートに設置されていた。[*9] ２０１６年に筆者が訪れたときには、あいにく井戸は工事のため撤去されていたものの、ジョン・スノーの名を冠したパブがそのすぐ傍でいまも営業を続けており、店内にはスノーの肖像

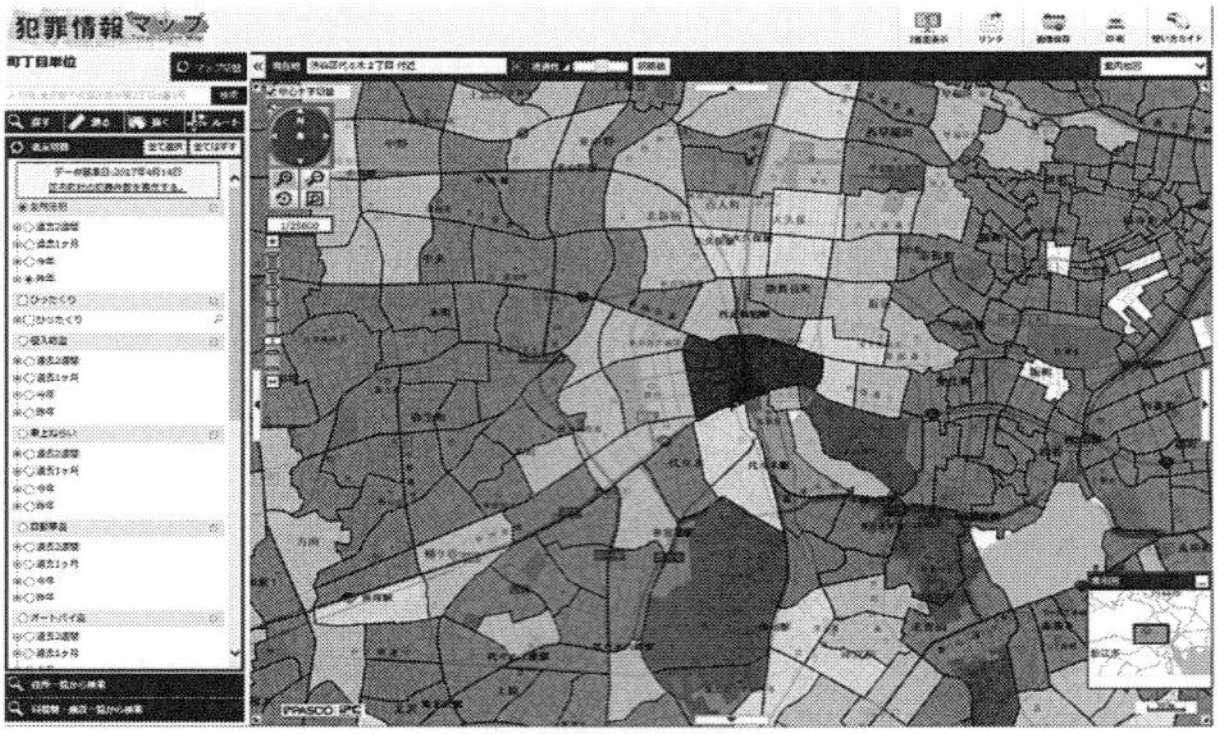

図2-6　警視庁の犯罪情報マップ
http://www２.wagmap.jp/jouhomap/Portal

と地図のコピーが飾られている（写真２－１）。

（３）犯罪地図とハザードマップ

犯罪地図もまた、社会問題の解決のために作製されたものである。[*10] 欧米の犯罪地図の歴史は古く、19世紀には近代統計学の基礎を築いたケトレーら[*11]によって犯罪統計の分析と地図の作製が行われていた。１９３０年代には、米国のシカゴ大学の社会学者たちは、非行やドロップアウトなどの社会病理現象と都市の空間的構造との関係を解明するために、犯罪・非行の分布図を作製している。また、最近の米国では、ウェブ上で最新の犯罪発生状況を公開する都市も少なくない。

これに対して日本では、２０００年代に入ってから人々の治安に対する意識が高まったことを背景として、警察や自治体が犯罪情報を地図にしてウェブ上で公開する事例が増えている（図２－６）。ただし、筆者が勤務する大学の授業で学生に尋ねると、これらの地図

図2-7　東京都防災マップ
http://map.bousai.metro.tokyo.jp/

を実際に閲覧した者は少なく、必ずしも一般市民に浸透しているとはいえないようである。

　これに比べて、２０００年代に入ってから地震、火山噴火、土砂災害などが頻発するようになり、ハザードマップへの関心は高まっている。ハザードマップは災害の種類ごとに各自治体が作製しており、作り方によっても読み方や使い方が異なるので、バラエティに富んでいる。大きく分けると、起こりうる具体的な災害のようすを表現した個別表現型と、様々な想定結果を足し合わせたリスク合算型がある。[*12]

　各自治体では、想定されるリスクの大きな自然災害についてハザードマップを作製し、全戸に配布しているものの、実際には有効利用されているとはいえない。たとえば、図２－７に示した防災マップは、おもに土砂災害の危険箇所と合わせて避難場所を示しているが、どういう状況でどの程度の規模の災害が発生するかを理解し、一般人が適切な対策をたてるには、地図を作って公開するだけでなく、その使い方についての専門家の解説・指導が必要であろう。

5　メルカトル図法の復権

どんな地図も球体（厳密には凹凸のある回転楕円体《だえんたい》）である地球の表面を平面に描き直すためには、なんらかの投影法を用いることになる。世界地図を見かけ上の違いで分ける際の手がかりの一つは、地図投影法に着目することである。しかし、どの投影法を用いても、面積、形、方位、距離のすべてを正確に再現することはできないことが数学的にわかっている。そのため、面積比が正しく保たれた正積図法、方位が正しく表される方位図法、任意の地点からの距離の比が正しい正距《せいきょ》図法といった、一部の特性を正しく表現する様々な投影法が考案されてきた。

その中で私たちが日頃から最もよく目にしているのは、グーグルマップで採用されたメルカトル図法であろう（図2－8）。これは任意の地点AとBの間の方位角が直線で表される正角図法の一種であるが、土地の面積や形は必ずしも正しく再現されているわけではない。とりわけ赤道に接する円筒に投影した場合は南極・北極を表示することはできず、高緯度になるほど面積が誇張されて表されるという欠点がある。

このことをわかりやすく示すのに便利なツールが「The True Size Of」というウェブサイト

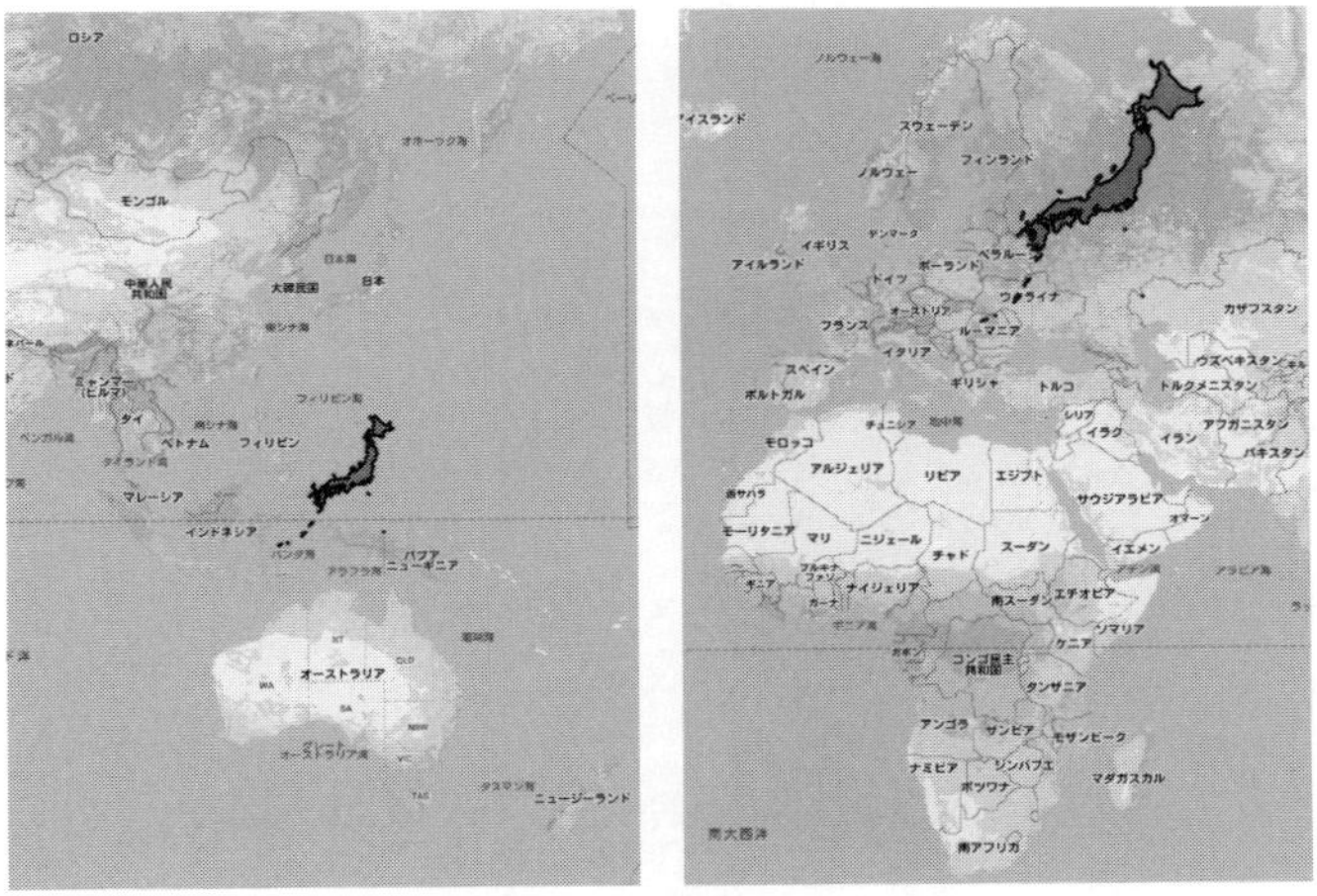

図2-8　メルカトル図法上で移動した日本の大きさ。「The True Size Of」のウェブサイトで作成。田代（2016：176）参照

(http://thetruesize.com) で提供されている。このツールでは、メルカトル図法を背景にしながら、任意の国を平行移動すると、どのくらいの面積になるかが一目でわかる仕掛けになっている。

たとえば、図2－8では、日本を赤道付近の東南アジアに移動すると、かなり小さい国に見えるが、高緯度側のヨーロッパに移動すると意外に大きい国に見えるだろう。このように、メルカトル図法を見慣れてしまうと、国の大小を間違って理解してしまう恐れがある。

にもかかわらず、これが広く用いられてきたのは、メルカトル図法では緯線と経線が直交するため、地球上の位置を直交座標で理解しやすいことが大きな理由と考えられる。また、それがグーグルマップをはじめとするウェブ地図で広く採用されたのは、地球上のある区画を緯

度・経度に平行なマス目に切り分けてタイル状に分割して保存でき、地図画像を検索する際にも必要な部分を取り出してそのままつなぎ合わせることができるためである。

じっさいには、都市や国内の一部を大縮尺で表示する場合には、どの投影法を用いても形状や面積にそれほど大きな違いは生じない。そのため、前述のような投影法の選択は、実用的にはほとんど影響しないとみてよい。試しにグーグルマップで自宅を検索して拡大表示してみてほしい。おそらく日本国内であれば、地図の歪みはほとんど気にならないであろう。しかし、それが世界全体を表示すると、高緯度にある国の面積が実際以上に拡大され、メルカトル図法の特徴が姿を現す。

ちなみに、グーグルアースで同じ操作を行うとどうなるだろうか。この場合はズームアウトし続けると、最後には裏側が半分隠れた円形の地球が現れるであろう（投影法としては正射図法にあたる）。つまり、グーグルアースとグーグルマップは、大縮尺では見分けがつかないものの、小縮尺にすると使用されている投影法が異なることがわかる（図2－9）。

6　世界の見方を変える地図

前述のようなメルカトル図法の欠点は、歪んだ世界像を人々に植え付けることにもつながる。つまり、地球上の最短ルート（大圏コース）が必ずしも直線にならなかったり、高緯度の地域ほど面積が過大に表されるというメルカトル図法の特徴は、私たちの世界像に少なからず影響

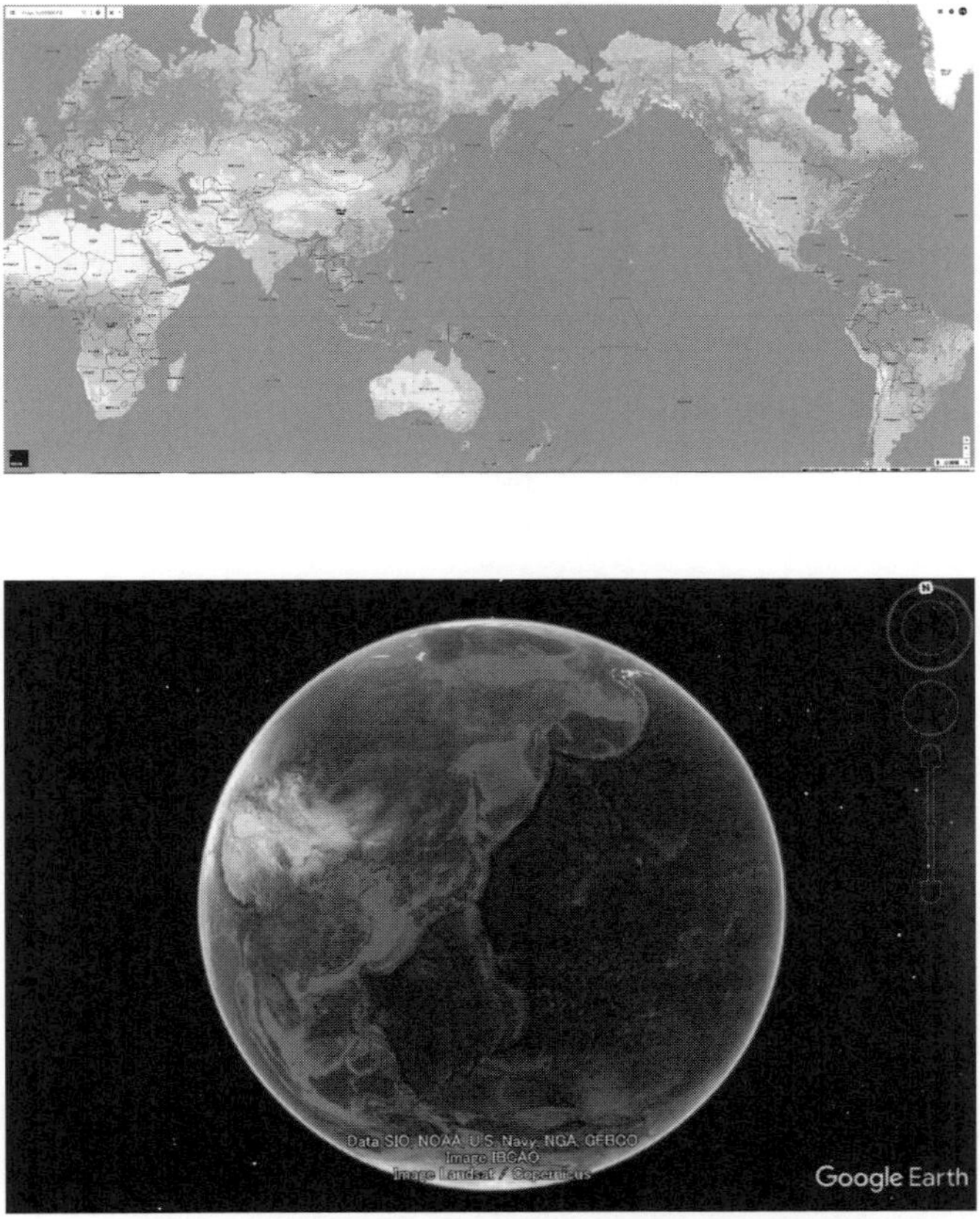

図2-9　グーグルマップ（上）とグーグルアース（下）で描いた世界地図
2017年10月時点で、グーグルマップは極地方を表示できない設定になっている

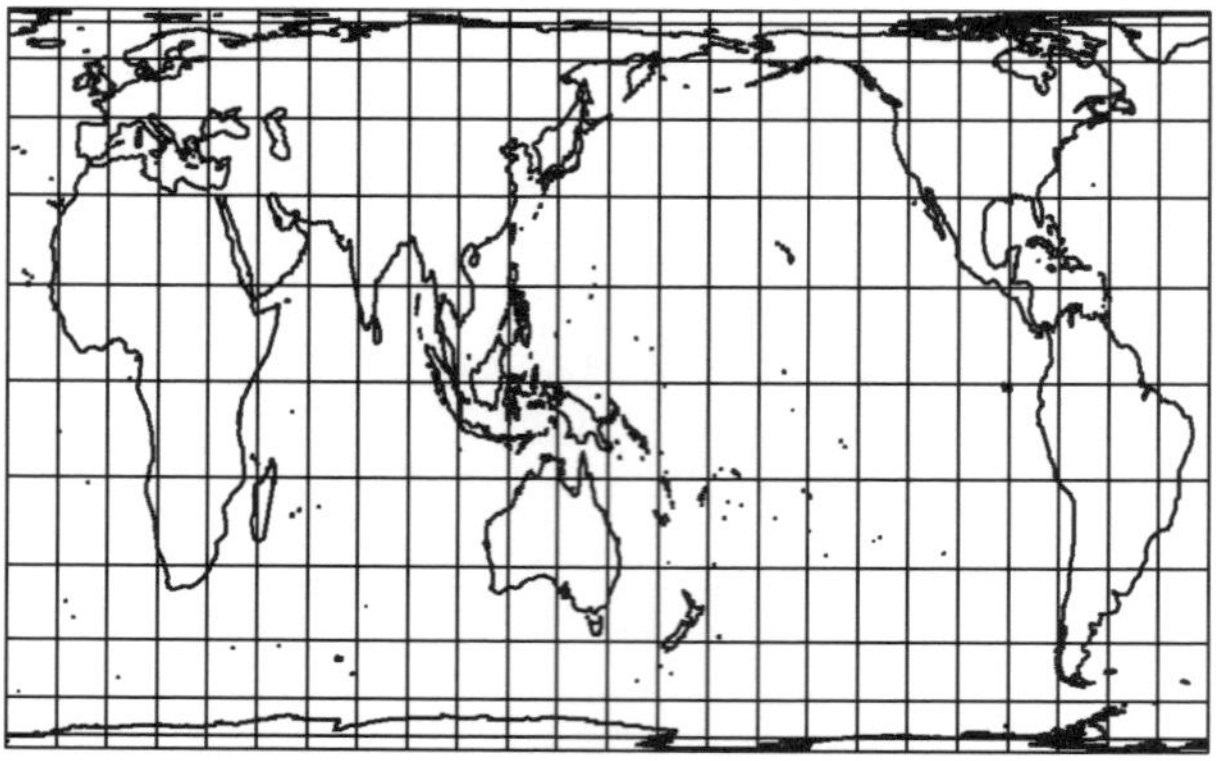

図2-10　ゴール=ペータース図法で描いた世界地図
出典：佐藤崇徳氏（沼津工業高等専門学校）のウェブサイトより
http://user.numazu-ct.ac.jp/~tsato/tsato/graphics/map_projection/index.html

を与えているのである。[*13] 米国の地図学者モンモニア[*14]は、その例として冷戦期に西側諸国では、メルカトル図法を用いた地図によって、高緯度に多い社会主義国の脅威が誇張されたと指摘している。

　こうした欠点を補うために、メルカトル図法の長所である緯度・経度が直交する性質を保ちながら、面積が正しくなるよう書き換えたのがゴール＝ペータース図法である（図2－10）。これは、メルカトル図法では相対的に小さく描かれていた低緯度地域に多い発展途上国を正しく表すことによって、南北問題の重要性を訴えるねらいで考案されたものである。

　このように、投影法を変更するだけで世界の見方を変えるきっかけが与えられるのである。そうした地図の役割をふまえて、新たな世界像を提示するために考案されたのが、「宇宙船地

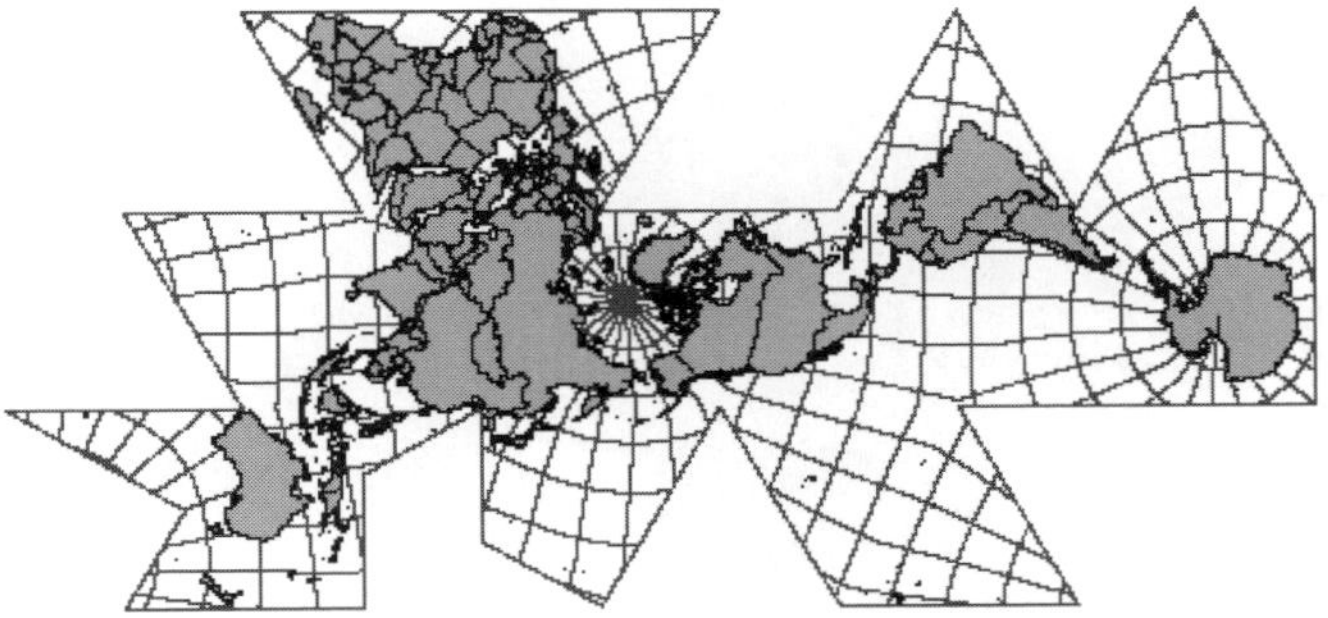

図2-11　ダイマクション・マップの例（ArcGISを用いて筆者作成）

球号」で有名なバックミンスター・フラーのダイマクション・マップである（図2－11）。1946年に考案されたこの地図は、球面を20面体に分けて展開することにより、歪みを少なくすることができる点で優れている（多面体の各面は正三角形で、投影法には心射方位図法が採用されている）。この地図の特徴として、中心も上下の向きも自由に設定でき、東西南北の方位も相対化されていることがあげられるが、そこには「宇宙には上下や南北はなく、外と内だけがある」という作者フラーの考え方が強く反映されている。

しかし、ダイマクション・マップは海を途切れないように表現すると陸が分断されてしまうという欠点を持っていた。こうした問題を解決したのが、2016年にグッドデザイン大賞を受賞したオーサグラフである（図2－12）。これは、海と陸地の面積比をほぼ正確に表記しながら、海を分割することなく矩形《くけい》の平面に収めた世界地図である。この投影法では、メルカトル図法の欠点であった、両極を描けない、高緯度地方の面積が誇張されるといった点が解消されている。さ

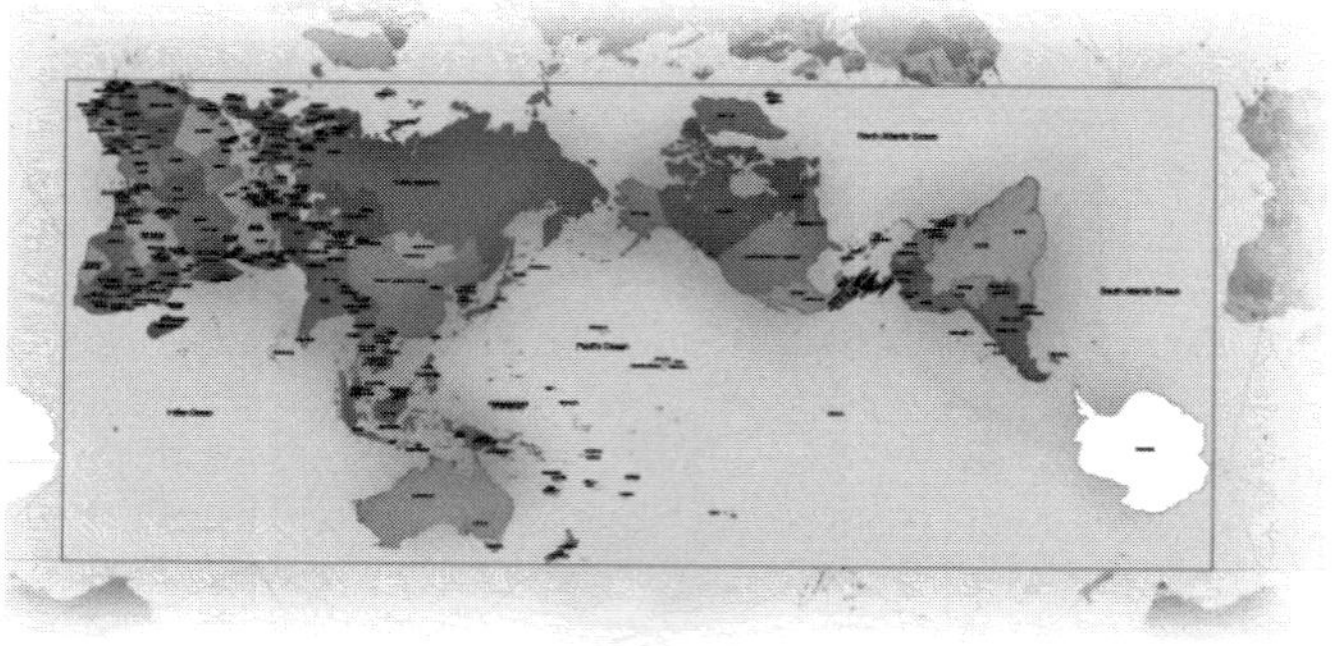

図2-12　オーサグラフの世界地図© Autha Graph
http://www.authagraph.com/top/?lang=ja

らに、この地図は様々な視点から継ぎ目なく地球の姿を描くことができるため、赤道や本初子午線《ほんしょしごせん》を中心にしたこれまでの世界地図とは異なる新鮮な目で地球の姿を捉《とら》えることを可能にしている。

[注]

*1　バルト（1996：56–62）
*2　ウィルフォード（2001：534）
*3　バーカー（2006）
*4　Goodchild（2000）
*5　アンダーソン（1997）
*6　Robinson（1982：17）
*7　柳田（1930）
*8　ジョンソン（2007）
*9　Longley et al（2005：318）

*10　若林芳樹（2009）

*11　ケトレー（1940）

*12　鈴木編（2015）

*13　ただし、米国の学生を調査した研究では、必ずしもメルカトル図法の影響は強くみられないという報告もある（Battersby and Montello, 2009）。

*14　モンモニア（1995）

第3章　地図の読み書き

1　デジタルでも変わらない地図読みの基本

いうまでもなく、地図は記号の集合体であり、個々の記号は地表面上に存在する地物《ちぶつ》と対応するように、一定の規則にしたがって作製されている。英語の「map」が、集合の要素間の対応を表す「写像」という数学用語の意味を持つのも、こうした地図の本質的機能を物語っている。つまり、地表面に存在する地物と地図上の記号との対応は、一種の写像とみなすことができる。

そのため、地図は地表の様子をありのままに写し取っているように見えるかもしれないが、空中写真と見比べればわかるように、地物を記号化する際には誇張や省略が加えられている。たとえば、道路や鉄道の幅は実際よりも広く描かれていることが多く、建物も縮尺によって統合されて簡略化されることがある。一方で、空中写真には現れない行政界や地下鉄が地図上で

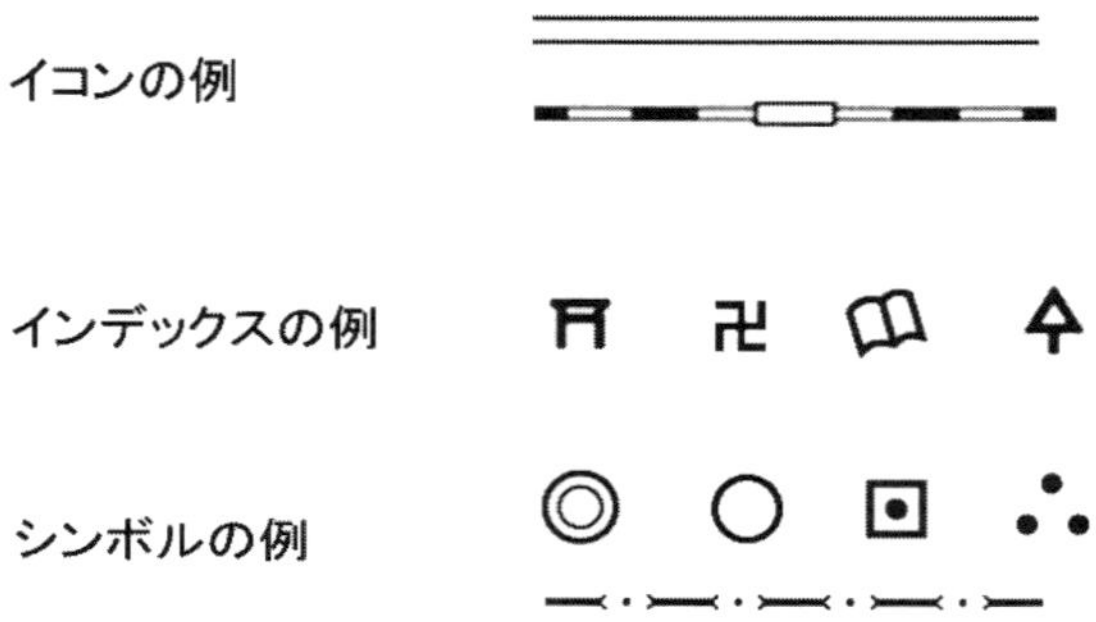

図3-1　記号論的にみた地図記号の分類

記号化されて描かれる場合もある。

このように、地図には必然的にある種の「ウソ」が紛れ込んでいるともいえる。こうした舞台裏を知らなければ、地図から地表の情報を正しく読み取ることはできない。また、同じ事柄を表す地図でも、作製者の意図や技術に応じて様々な表現を取りうる。このことは、同じ地域を描いたいくつかの地図を比較してみれば理解できるだろう。つまり、地図作製には多分にアートとしての要素が含まれており、一定の規則の下で自由な表現が許されるのである。この章では、地図に潜《ひそ》むウソを通して、地図の正しい表現や読解の方法について考えてみたい。

2　地図の記号論

地図は言語と同じく記号の集まりであるから、両者は共通するいくつかの性質を持っている。ここで、記号とそれが指示するものとの関係からみると、記号は次の3タイプに分けられる（図3－1）[*1]。第一のタイプは、記号表現と指示されるものとが類似性によって関連付けられた「イコン」(icon 類像) がある。地形図では、地表面上での形状を比較的忠実に写し取った道路や河川の記号がこれにあたる。二つめは、記号表現と指示物との間に連想的な関係のある「インデックス」(index 指標) である。地形図では、地物に付随する要素を記号化した寺院や神社の記号がこれにあたる。最後に、記号表現と指示されるものとが特別な関連性を持たない場合を「シンボル」(symbol 象徴) と呼ぶ。地形図では、役所や行政界の記号のように、指示されるものの形状や特性とは無関係に定められるケースがこれにあたる。

一方、個々の記号表現の持つ意味は、言語では辞書によって示されるが、それは地図の場合、凡例《はんれい》という形式をとる。地図の凡例では、図３－１に示したような地図上の記号がそれぞれ何を表すかが示されている。ただし、個々の語句の意味が辞書でわかったとしても、文の意味を理解したことにはならないのと同じように、地図を読みこなすには単に地図記号の意味を理解するだけでは不十分である。

言語の場合、記号の配列規則として文法があるが、地図の場合にも、記号同士の関係を定めたルールのようなものが存在する。その基本的なルールは、ある図法にしたがって示された縮尺と方位のもとで、地表面上の正しい位置に記号が示されているということであろう。ただし、地図記号の配列を通して、どこに何があるかを理解することは、地図を読む過程の第一段階にすぎない。

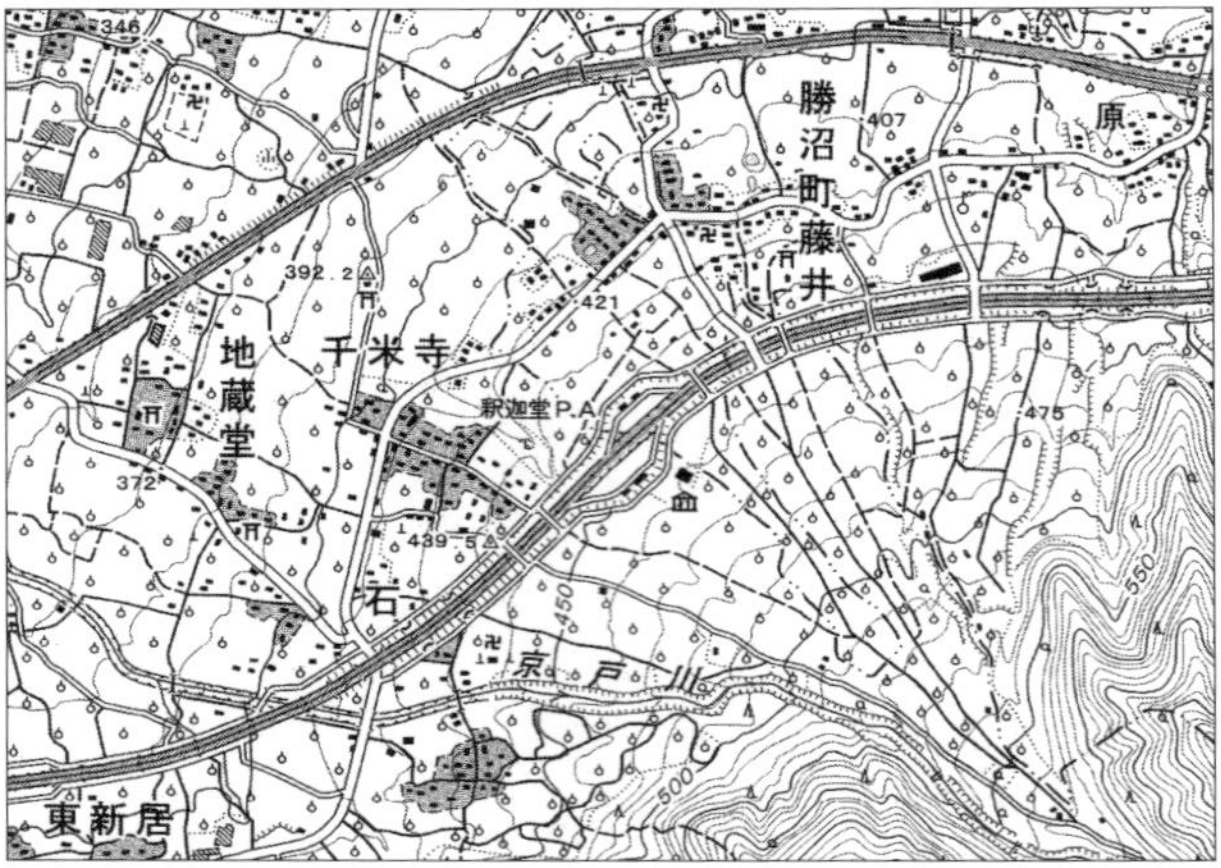

図3-2　地形図の例
国土地理院２万5000分の１地形図（「石和」平成18年発行の一部）

たとえば、国土地理院の地形図を例にして考えてみよう（図３－２）。等高線から地表面の標高を読み取っても、単に等高線という記号と指示物との関係を理解したにすぎない。図３－２で示した地域は、南東にある谷の出口を中心に弧を描く等高線からみて、扇状地が卓越することがわかる。しかし、そこから扇状地という地形を読み取るには、個々の等高線から標高を知るだけでなく、それらの配列から地表面の起伏を把握できなければならない。また、扇状地の一般的な特性を知っていれば、扇の要（扇央）と扇の外縁（扇端）の部分での土地条件の違いを推理して、土地利用を説明することもできるだろう。

記号論では、記号が示す文字通りの直接的な意味を「デノテーション（表示義《ひょうじぎ》）」と呼び、記号内容全体がもたらすより高いレベルの意味を「コノテーション（共示義《きょうじぎ》）」と呼ぶ。扇状地の事例の場合は、コノテーションが伝わらなければ扇状地の地理的意味も理解できない。このレベルでの意味を理解する作業は、地図そのものには描かれていない情報について読者がどれだけの知識を持っているか、あるいは地図に隠れた「言外の意味」を推理する（あるいは、行間を読む）能力にも依存する。こうした高度な地図の読み取り作業は、地図の読図（map reading）の範疇《はんちゅう》を超えて、判読（地図の解釈、map interpretation）というべきものになる。

このように、記号の示す意味を読み解く作業は、文脈や微妙な表現の違いによっても異なってくる。とくに作製者の意図に応じて柔軟な表現がなされる主題図の場合、修辞（レトリック）によって様々な意味を示唆することが可能である。そのため、場合によっては地図が罪深いウソを含むこともある。

3　地図でウソをつく方法

地図表現に潜《ひそ》むウソを通して地図の性質をわかりやすく解説した啓蒙《けいもう》書として、アメリカの地図学者モンモニアが著した『地図は嘘つきである』[*2]という本がある。この書名は、おそらく統計学者ハフの『統計でウソをつく法』[*3]にならったものと思われるが、ハフの本の中にも地図を使ったウソの話題が登場する。

図３－３（ａ）は、ハフの著書で使われていた米国の州別地図の事例を、２０１６年の大統

領選挙の結果に置き換えて表したものである。この図を見ると、当選した共和党のドナルド・トランプ候補が圧勝したかのように見えるのだが、対抗馬である民主党のヒラリー・クリントン候補が獲得した選挙人との差は、わずか74人（総数538人）にすぎず、総得票数ではむしろヒラリー候補の方が上回っていた。

こうした錯覚をもたらす原因は、有権者数に比例する選挙人数を無視して、州ごとに得票の多かった政党別に色分けしたためである。つまり、民主党の支持者が多い東部や西海岸にある人口密度の高い大都市地域に比べて、共和党の支持者が多い南部から中西部の地域は、面積が大きいわりに人口密度は少ないために、あたかも共和党が圧勝したかのように見えてしまうのである。こうした錯覚を避けるためには、州ごとに各候補が獲得した選挙人の数を州の面積に比例させたカルトグラム（変形地図）で表現すればよい（図3-3（b））。

ちなみに、ハフは統計のウソを見破るための鍵として、

①誰がそういっているのか（データの出所）
②どういう方法でわかったのか（調査方法の妥当性）
③足りないデータはないか（隠されている資料の存在）
④いっていることが違っていないか（問題のすり替えや論理の飛躍）
⑤意味があるか（証明されていない間違った仮定に基づく推論）

を挙げている。これらは、地図の場合にもそのまま応用できる教訓といえる。

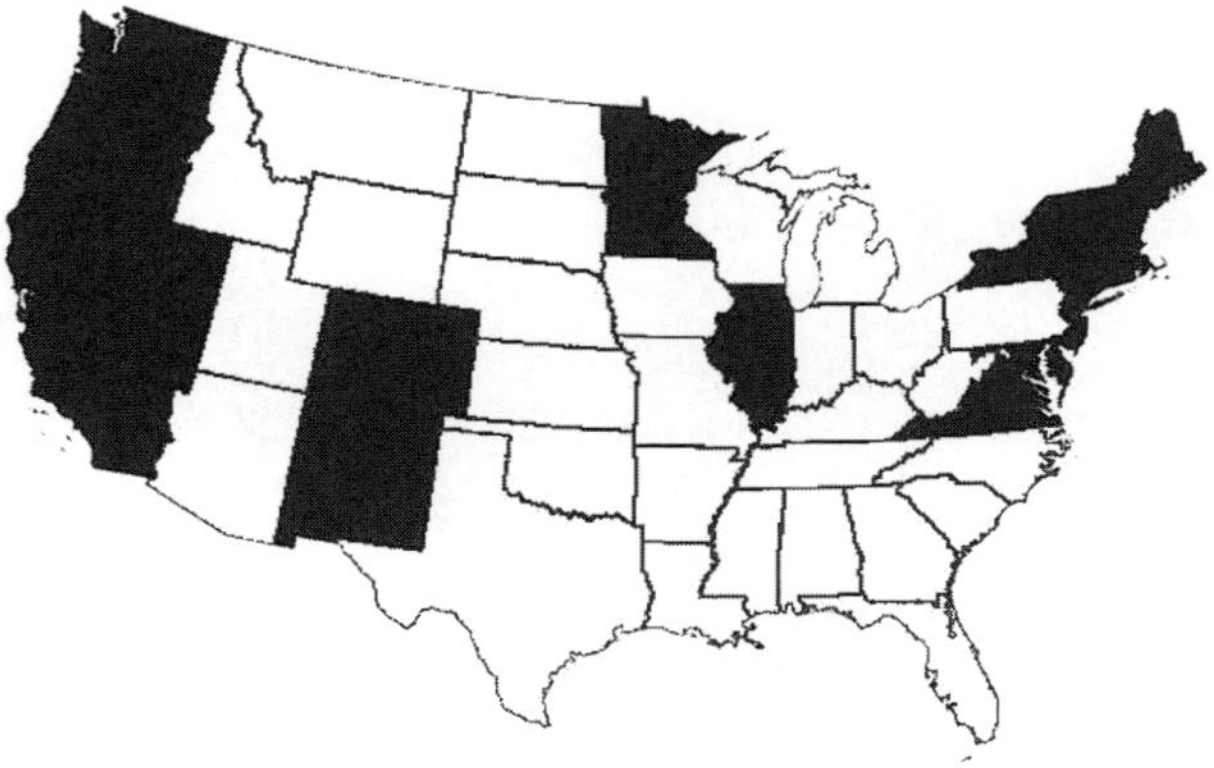

（a）通常の州別地図。黒が民主党、白が共和党の勝利した州を表す

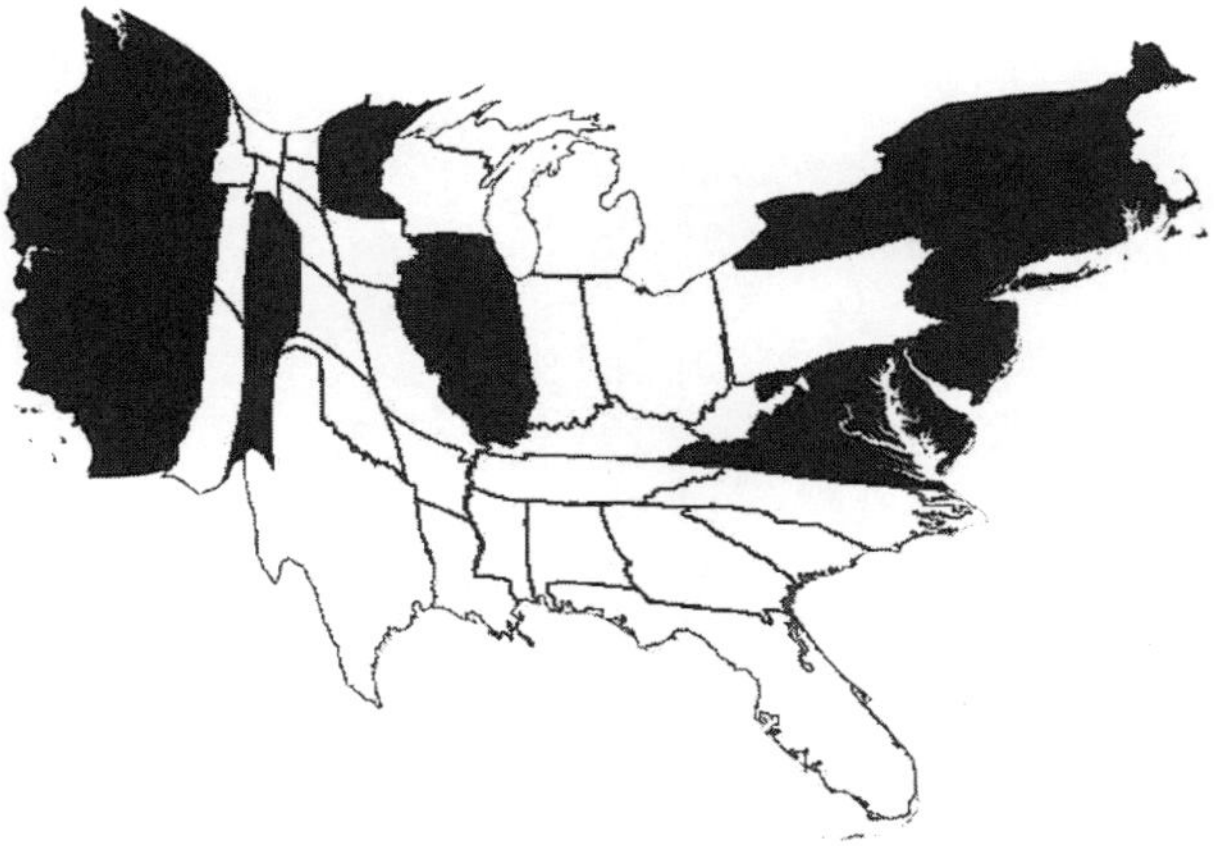

（b）州の面積を選挙人数に比例させたカルトグラム

図3-3　2016年のアメリカ合衆国大統領選挙の結果を表す２種類の地図（アラスカとハワイは除く）

出典：http://www-personal.umich.edu/~mejn/election/2016/ をもとに作製

モンモニアの著書では、「一つのデータから何種類もの地図を描くことができる」ことがもたらす地図表現の恣意性《しいせい》について、様々な事例が紹介されている。その中には、罪のないウソとして許されるものもあれば、読み手を欺《あざむ》くだけの罪深いウソもある。

4　罪のないウソ

画家のパブロ・ピカソが語った有名な言葉に、「芸術とは、われわれに真実を悟らせてくれるウソである」というものがある。芸術作品の作者は、どれだけ説得力のあるウソによって真実が伝えられるかという点で、創造性が試されるのである。地図もまた、地表の真実をよりよく伝えるために、時としてウソをつかなければならないことがある。地図作製者の技能も、どれだけ巧みなウソが使えるかで評価される面もある。それは、罪のないウソというべきものである。

たとえば、球面の地表を縮小して表示するために、地図は一定の縮尺・図法・記号化が加えられ、必然的に、現実をあるルールにしたがって抽象化したり歪曲《わいきょく》することになる。とくに主題図では、同じテーマでも縮尺や図法が違えば、読み手が受け取る情報や印象も異なってくる。また、一般図であっても、国によって異なる地図記号が使われることも少なくない。これは、地表を一定のルールで縮小して表示するという地図の性質からして、やむをえないウソといえるだろう。

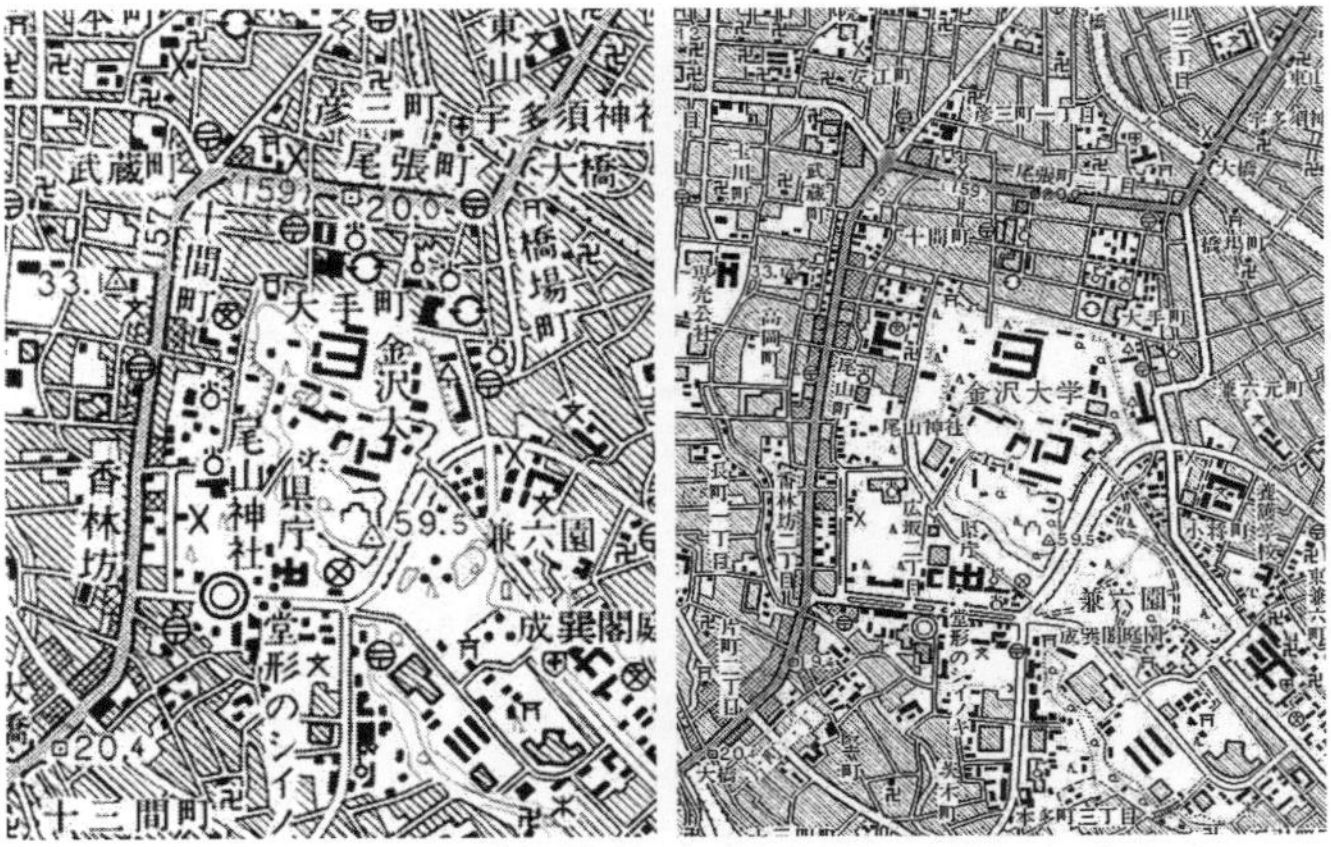

図3-4　縮尺の異なる地形図の表現。左が5万分の1、右が2万5千分の1
出典：国土地理院地形図「金沢」（5万分の1：昭和61年発行、2万5千分の1：昭和60年発行）

また、縮尺を変えて表現する場合、地図に含まれる情報を見やすくするために「総描《そうびょう》（generalization）」という操作が加えられる。図3－4に示したのは、同じ地域を描いた縮尺の異なる地形図だが、縮尺が小さい5万分の1地形図の方が、縮尺が大きい2万5000分の1地形図に比べて、地物を単純化していることがわかる。また場合によっては、位置を移動したり省略された箇所もみられる。

このような、縮尺に応じた描き分けを地図学では「総描」と呼んでいる。読み手に配慮すれば、詳しくて正確な地図が常によいとは限らないため、こうした操作は地図作製では公認された「罪のないウソ（white lie）」といえる。今日では、GISをはじめとするデジタル地図の自動作製が容易になったが、総描では人間のセンスや技能に頼らざるをえない作業が含まれるため、それが自動化できるのは当分先のことになりそうである。

総描とは別に、わかりやすさやデザインへの配慮から極端な歪曲を加えられた地図もある。その代表例が地下鉄路線図である。『世界の美しい地下鉄マップ』[*4]には、世界の主要都市の地下鉄路線図が掲載されているが、ほぼ共通するのは、路線を直線や円形に単純化していることである。こうしたスタイルの路線図は、1931年にロンドンでハリー・ベックが電気回路図を参考にして作製したのが最初といわれている。[*5]このようなデフォルメは、路線の連結関係や注記を読みやすくするのに効果的なのは確かだが、地上での位置関係が極端に歪められてしまうことになる。

たとえば、**図3-5**に示した東京の地下鉄路線図では、駅の密度が高い都心部ほど駅間距離が過大に描かれ、郊外になるほど距離が相対的に短くなる。これと同様の表現は、前述のロンドンの地下鉄路線図でも採用されており、これが郊外生活者の「都落ち」の感覚を弱めるという予想外の効果もあったという。

しかし、東京の地下鉄を運営する東京メトロと都営地下鉄は、それぞれ自前の路線を強調して描いた別個の地図を提供しており、ほぼ同じ範囲を描いているにもかかわらず、そう思えないほど違った印象を与えている。そのため、どちらかを見慣れた利用者がもう一方の路線図を見ると、戸惑ってしまうかもしれない。そうした混乱を避けるために、両社で統一した路線図も作製しており、外国人向けに路線記号と駅番号を示したものもある（図3-5下）。

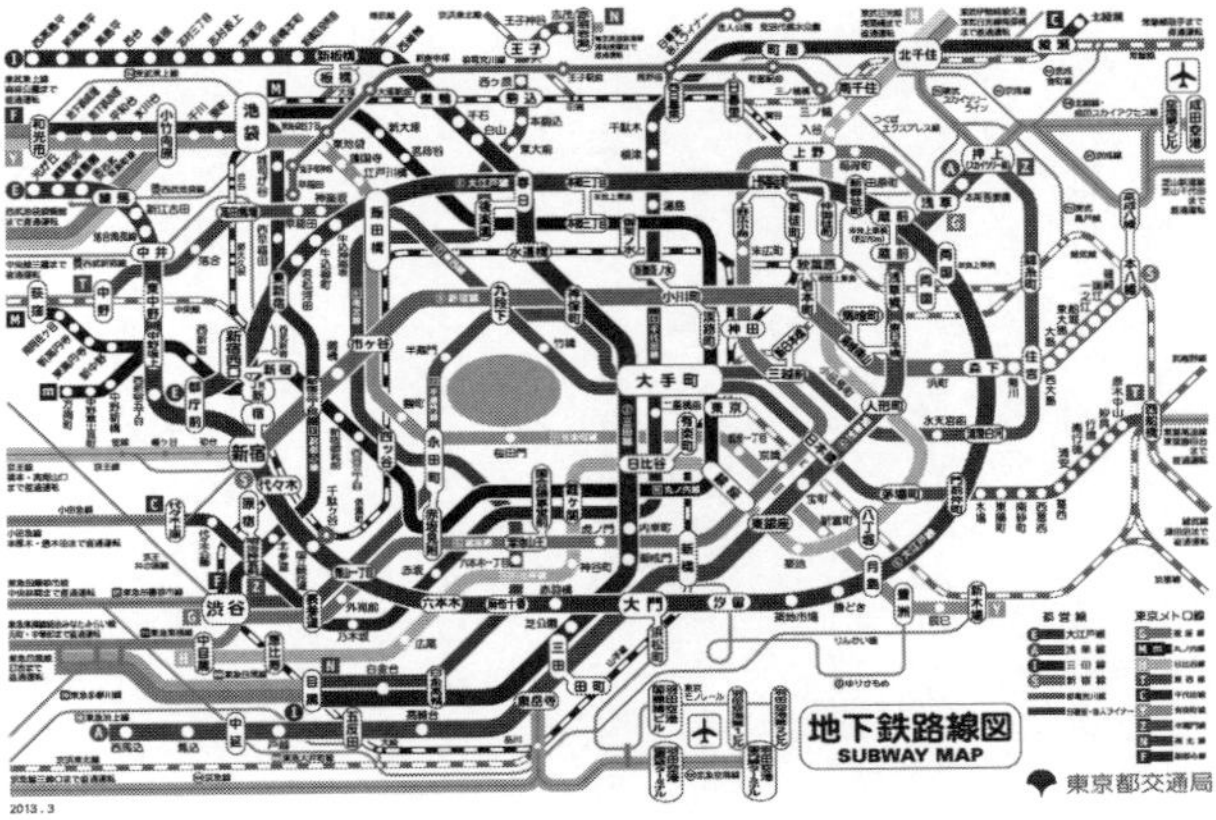

都営地下鉄の路線図

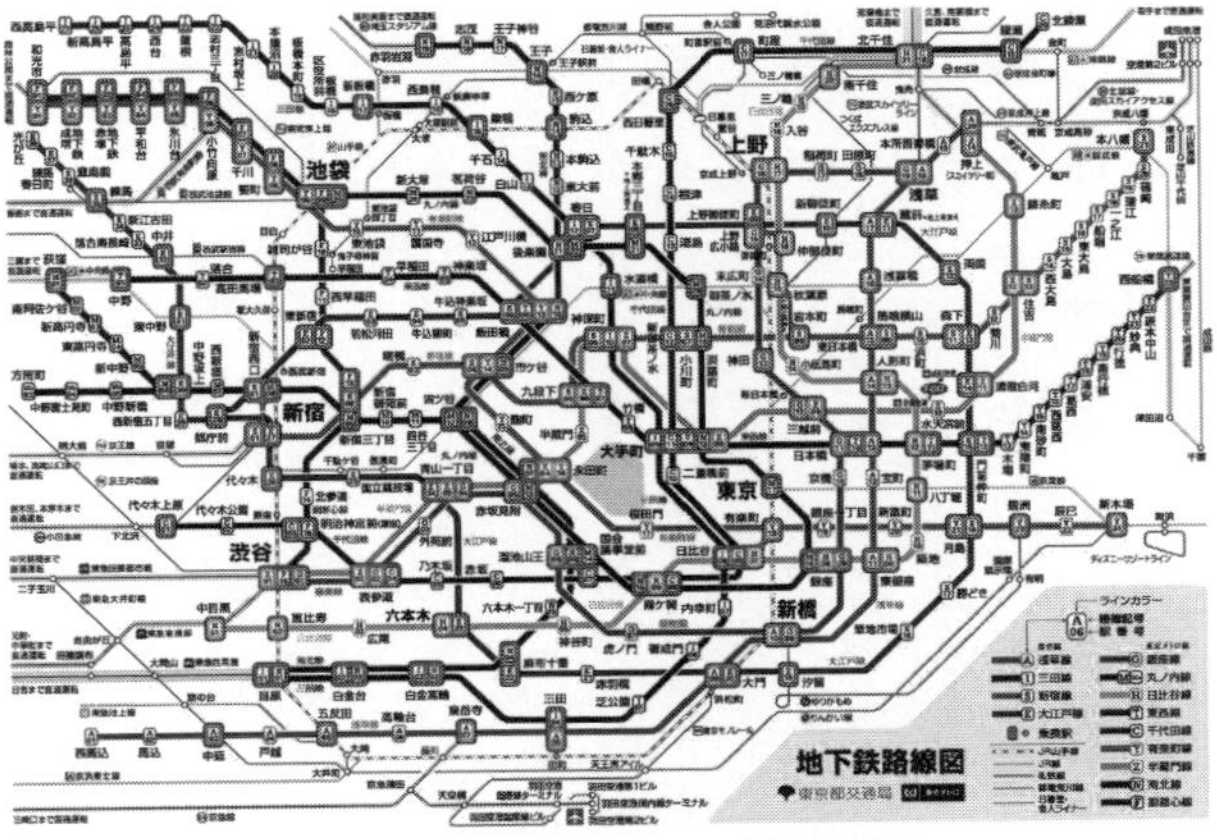

都営地下鉄と東京メトロの共通路線図
（駅に路線記号と駅番号を示したナンバリング路線図）

図3-5　東京の地下鉄路線図

5 罪深いウソ

今日では、新聞・雑誌・テレビなどのマスコミやインターネット上に多種多様な地図が氾濫しているが、その中には地図作製者の無知や見落としによる誤りが含まれていることもある。とくに、世界地図などの小縮尺の地図では、投影法によって伝わる情報が違ってくるため、その選定には注意が必要である。

たとえば、2017年9月15日の早朝に北朝鮮のミサイル開発の脅威が新聞やテレビのニュースでとりあげられた。ミサイルは北朝鮮西岸から北東方面へ発射され、北海道上空を通過した後、3700㎞を飛行して太平洋上に落下した。このとき日本政府は、軌道に近い12道県でJアラートによって避難を呼びかけたことから、マスコミでも一斉に報道されたことは記憶に新しい。

これを報じた某テレビ局の番組で使用された地図がネットで話題になったことがある。その地図は、ミラー図法と思われる世界地図上で北朝鮮からのミサイルの射程距離を同心円で描いたものであった。ネット上でも、その誤りを指摘した記事が見られるが、そこで問題になっているのは、ミラー図法では任意の地点から同心円を描いても、実空間上での等距離にはならないため、射程距離を円で正しく表すことはできないことである。もしミラー図法の地図上で正しく射程の等距離線を表すと、図3-6（a）のような曲線になる。あるいは、正しい射程範

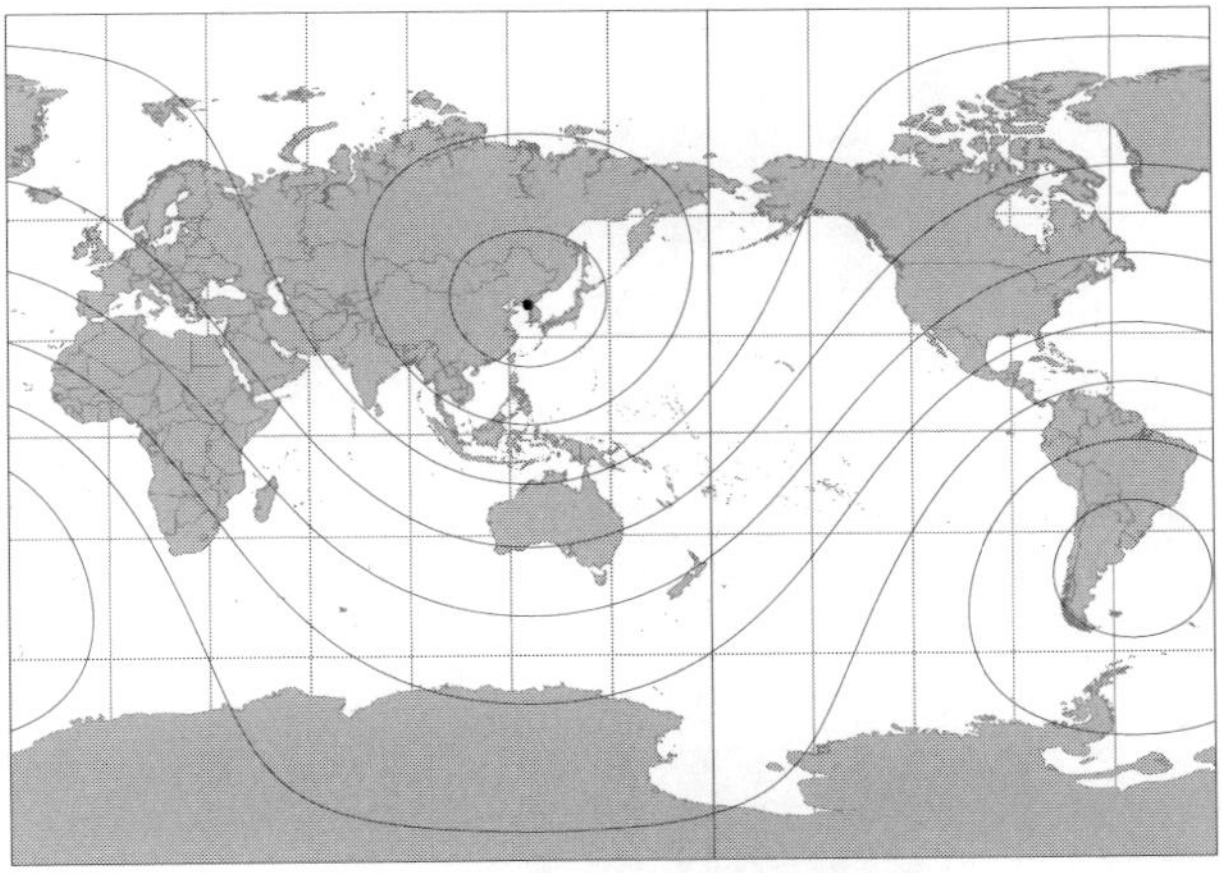

(a) ミラー図法で描いた等距離線

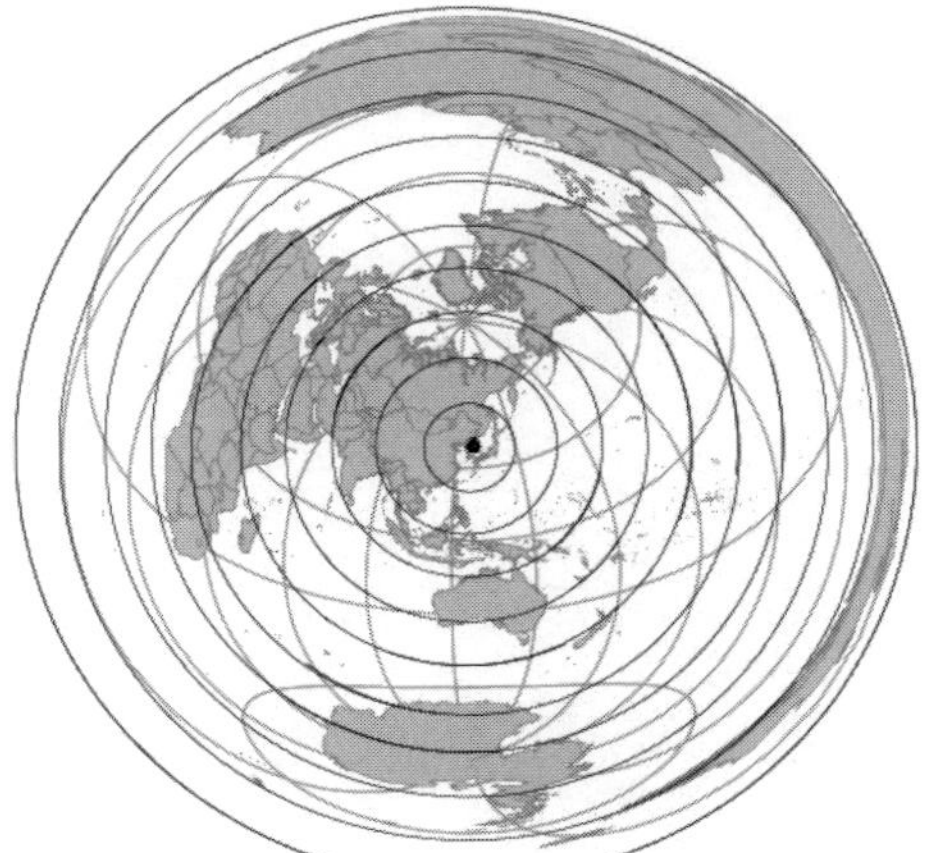

(b) 正距方位図法で描いた等距離線

図3-6　北朝鮮のピョンヤンを中心にした等距離線（2000km間隔、ArcGISを用いて筆者作製）

た。

囲を同心円で示したければ、図3－6（b）のように北朝鮮を中心にした正距方位図法《せいきょ》を用いる必要がある。翌日の新聞に掲載された地図の多くは、これを部分拡大したものが使われていた。

先述のテレビ局の地図表現の問題は、ミラー図法の同心円では３７００㎞という射程距離内に、米国の軍事拠点があるグアム島があることが見落とされてしまう点にある。このように、間違った投影法の地図を使うと、リスクを正しく評価することができないことがわかる。おそらく、この番組の制作者は意図的にウソをつくつもりはなかったと思われるが、こうした誤りは、投影法という地図学の基本的事項に対する作製者の理解不足に起因するものといえる。

一般に、民間企業が商品の広告に使う地図には、過度の誇張や省略によって限られた真実を伝えるために意図的に加えられたウソが少なからず含まれている。たとえば図3－7は、都内のあるマンションの広告に使われた地図であるが、実際の地図と見比べると、売り出した物件の位置が実際よりかなり離れて描かれており、あたかも田園調布が最寄り駅であるかのような錯覚をもたらしている。また、この広告のキャッチコピーには田園調布という地名が謳《うた》い文句として使われており、高級住宅地に近いことを強調するために、このような操作が加えられたと考えられる。マンションのような高額商品なら、買い手は現地に実際に足を運ぶはずだから、このようなウソはすぐに見破られてしまうに違いないが、立地自体が商品価値を決める不動産の広告には、多かれ少なかれこうしたウソが潜んでいる。

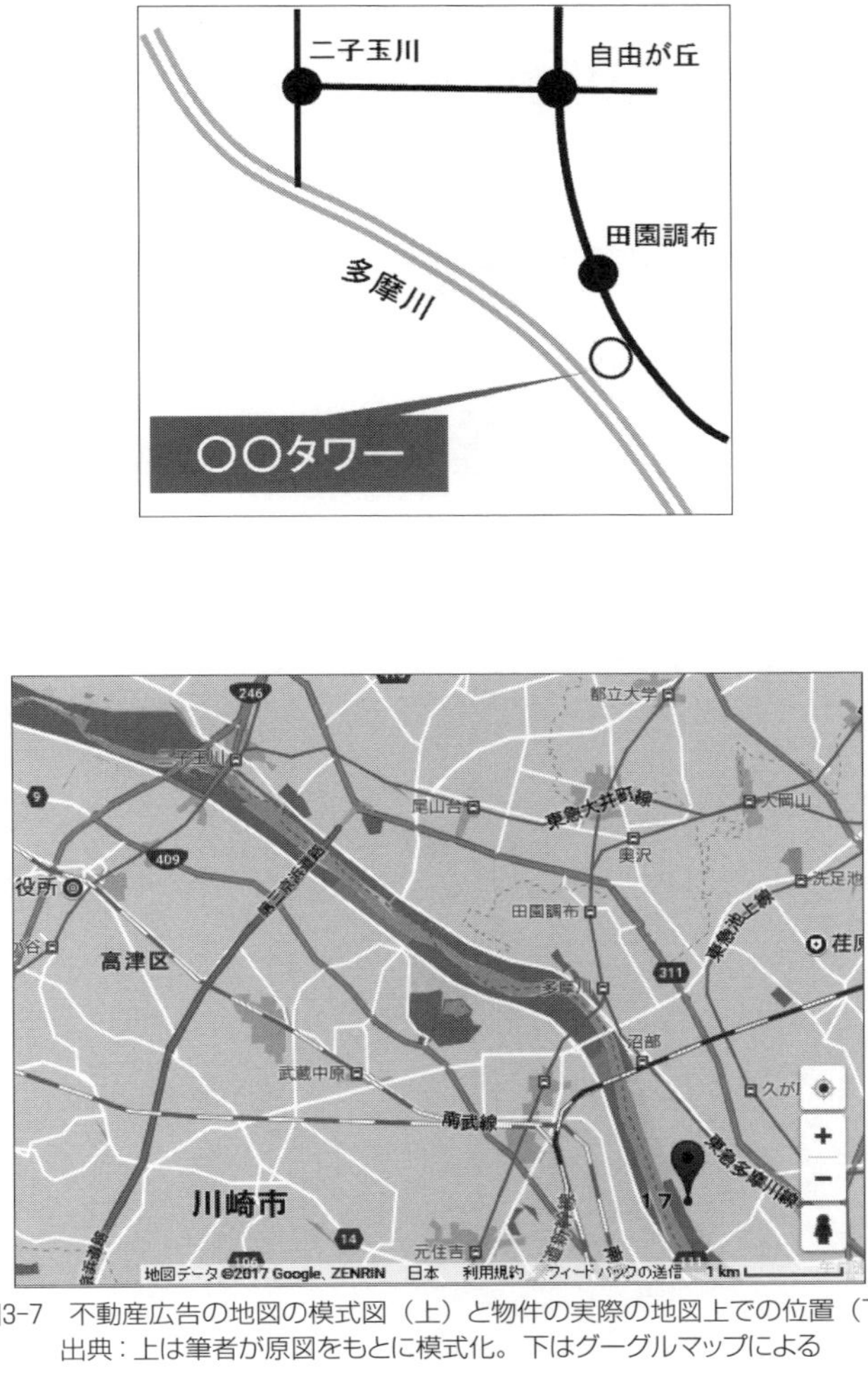

図3-7　不動産広告の地図の模式図（上）と物件の実際の地図上での位置（下）
出典：上は筆者が原図をもとに模式化。下はグーグルマップによる

6　地図の政治性

モンモニアは、罪深いウソのもう一つの例として、行政当局や反対派を説得する道具になる「開発のための地図」を挙げている。そこでは、ネガティヴな情報は隠してプラスの情報を強調するような工夫など、「抜け目のない地図作製のための11の原則」という悪い冗談が添えられている。たとえば、見せたくないものは出すな、プラスのものは力説せよ、マイナスのものはできるだけ小さく描け、などである。こうした操作が加えられた地図には、いうまでもなく悪意を持ったウソが紛れ込むことになる。

とりわけ政治的意図を持って作製された地図には、罪深いウソが潜んでいることがある。たとえば、世界や国土の姿を描いた小縮尺の地図について考えてみよう。

小縮尺の地図では、使用される地図投影法によって、世界や国の見え方も違ったものになる。たとえば、航海用の地図を念頭に置いてメルカトルが1569年に作製した図法は、数多くの世界地図に用いられてきた。そこでは、緯線・経線が直交するため緯度・経度が把握しやすく、また任意の2点間を結ぶ線分は、進行方向と経線とがなす角度が常に一定になるという利点はある。しかし一方で、高緯度地方の面積が極端に誇張されてしまうのが大きな欠点であった。

もちろんメルカトル自身に政治的意図はなかったはずだが、この図法では、総じて中緯度から高緯度に位置する北半球の先進国の存在が誇張されて表現されがちになることは明らかである。こうしたメルカトル図法の欠点を修正して正積図法にしたのが、2章でも紹介した、ゴール＝ペータース図法の地図（図2－10）である。ペータースは、1855年にゴールが考案した図法を基にしながら、低緯度地域に多い発展途上国の面積を正しく描くことによって、南北問題の重要性を強調したのである。

国土を描いた地図もまた、少なからず政治性を帯びている。その典型は、紛争地域や国境係争地に引かれた国境線である。国土もまた、人間が肉眼で見渡すことができない規模の空間なので、地図によって初めて知ることができる。そのため、国家の領土を可視化して心の中に想像の共同体としての国民のナショナル・アイデンティティを実定化する際には、地図は人口調査や博物館と並んで必要不可欠の権力制度となった。[*6]こうして、地図は現実を先取りする設計図の役割を果たしたのである。

一方、大縮尺地図の多くは国の機関が作製した測量図をもとに作られるものの、場合によってはそこに情報操作が加えられることもある。たとえば、日本で昭和10年代に陸軍参謀本部が作製した地形図の中には、軍事上重要な機密を隠すために隠蔽《いんぺい》や歪曲が加えられた戦時改描《かいびょう》図と呼ばれるものがある。[*7]図3－8に示したのは、その一例で、現在は新宿副都心の高層ビルが立ち並ぶ一帯が緑地として描かれている。しかし、そこは首都東京のライフラインとなる淀橋浄水場があった場所で、そのことは次ページの空中写真から明らかである。これは敵国を攪乱するためにこのような情報操作が行われたもので、昭和10年代の地形図には軍事拠点や戦略

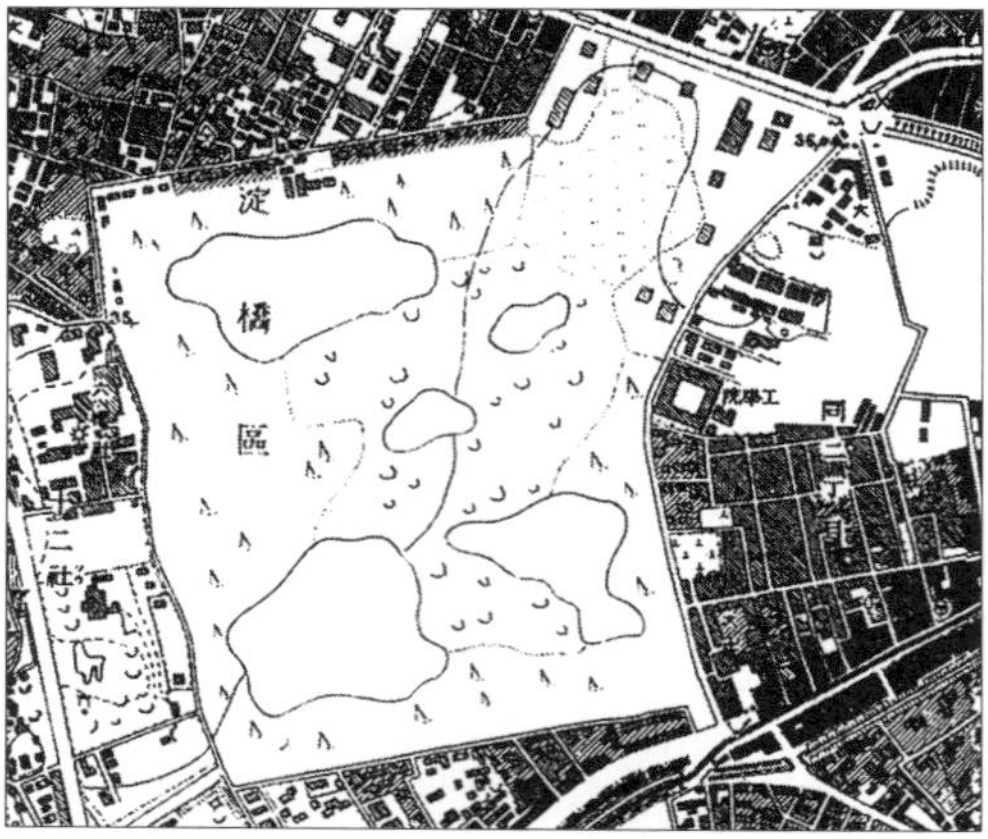

１万分の１地形図「新宿」（1937年発行：貝塚監修［1996］より）

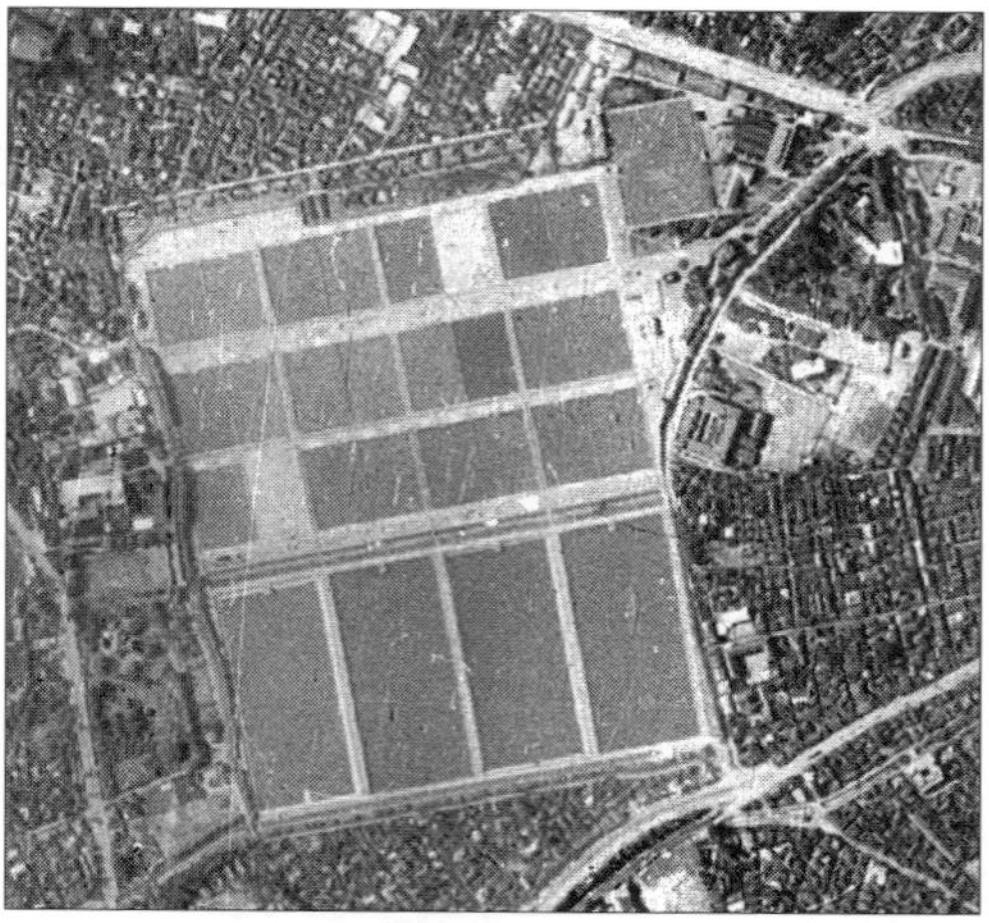
1936年頃撮影の空中写真（国土地理院の地理院地図より）

図3-8　戦時改描図の例

上重要な場所は改描されたところが多い。

元来、地図にはこうした軍事機密が含まれているため、現在でも、国によっては等高線の入った測量図を民間人が利用できない場合も少なくない。しかし、東西冷戦の終わりとともに、そうした困難も徐々に解消され、「地図作製の民主化」という言葉も使われるようになった。こうして多数の作製者と利用者によって地図が絶えず点検・改良されるようになれば、ここで述べたようなウソも容易に見破られることになるだろう。

7　地図にだまされないために

日常生活の中で目にする地図の多くは、なんらかのメッセージが込められた主題図であり、作り手の意図をうまく伝えるための工夫の中に、少なからずウソが紛れ込むことになる。本稿では、便宜的に「罪のないウソ」と「罪深いウソ」に分けて述べてきたが、描き手が明白な悪意を持っている場合は別として、個々の地図がどちらになるかは読み手次第でもある。

そもそも読み手が地図の記号を理解できなければ、ウソのつきようがない。哲学者のカッシーラー[*8]が述べたように、恣意的な記号と意味の関係を理解できる人間を他の動物と区別して「シンボルを操る動物」と呼んだように、地図記号を理解できるのは人間独自の能力に基づいている。つまり、地図でだまされるのは人間だけだが、ウソを見破るのも人間にしかできない芸当なのである。

モンモニアの著書[*9]で強調されているのは、メディアの一種としての地図を使いこなすには、読み手にも一定のメディア・リテラシーが求められるということである。とくに、インターネットの普及とともに、客観的な事実よりも感情に訴える言葉が力を持つ「ポスト真実」の時代を迎えた今日では、大量の情報から必要なものにアクセスし、その真偽を見極める力がますます求められている。

そのため、地図に込められたメッセージをその利用者が主体的、批判的に読み解く能力を磨くことによって、地図と利用者との緊張関係を構築するべきであろう。これは地図の作り手にもいえることで、誰もが気軽に地図を作ったり使ったりできる時代だからこそ、地図利用者と作製者は健全な懐疑主義をいっそう高める必要がある。

[注]

*1 池上 (1984)
*2 モンモニア (1995)
*3 ハフ (1968)
*4 オープンデン (2016)

＊5　ブラック（2001）
＊6　アンダーソン（1997）、若林幹夫（2009）
＊7　森田（1999：96–99）
＊8　カッシーラー（1953）
＊9　モンモニア（1995）

第2部　地図を通して知る世界

第4章 「地図が読めない女」の真相

1 地図を回したがるのは女性？

地図の利用や方向感覚の男女差に対する世間の関心が高まる一つのきっかけを作ったのは、ピーズ夫妻が著した『話を聞かない男、地図が読めない女』の出版であろう。同書には、夫が運転する車の助手席で道案内する妻が、地図を回しながら読むことをめぐって口論する夫婦のエピソードが挿入されている。[*1] これは頭の中で地図の向きを変えるのが容易な男性と、それが苦手な女性の違いを暗示しており、地図利用や空間認知の男女差を示す事例として紹介されている。この本が出版された後、マスコミでも空間認知や方向オンチに関連した記事やテレビ番組がしばしば登場するようになり、女性は地図が読めないとか方向オンチが多いという固定観念が広まってしまった。

「地図が読めない女」というインパクトのあるタイトルの割には、同書の中で空間認知の話題が占める割合は実はそれほど多くはない。まとまった記述は同書の第5章「空間能力」にあるが、そこでは「9割の女は空間能力に限度がある」、「男は自分の居場所がわからなくても北の方角だけはわかる」、「(女性は)立体地図を使えば、驚くほど楽に地図が読めるようになる」というように、複雑で微妙な学説をざっくりと単純化しながら誇張を交えて紹介している。そのことが、おそらく一般読者を惹《ひ》きつける要因になっているのであろう。

実際には様々な留保が必要な学説が多いにもかかわらず、同書には断定調の記述が目につき、部分的に切り取れば性差別という批判を受けてもおかしくないような書き方がされている。それでも同書が広く読まれた背景には、女性が有能さを発揮する分野にも言及してバランスをとっていることもあるが、一般人が薄々感じている空間認知の男女差に対する思い込みを巧みにいい当てているためであろう。

ただし、男女の違いを強調しすぎると、性別役割を固定化してしまうという懸念は残る。なぜなら、人々の男女差についての思い込み自体が社会的通念としてのジェンダー規範に影響を受けているからである。また、空間認知に作用する要因の中で、男女差は一つの変数にすぎず、しかも他の要因との交互作用も考慮しないと間違った結論を導いてしまう恐れがある。この章では、こうした空間認知の男女差をめぐる様々な立場からの議論について紹介する。

2　空間認知に男女差はあるか？

ピーズ夫妻の著書は学術的な論評に値する内容とはいいがたいが、同様のテーマについて心理学の専門家が執筆した『女の能力、男の能力』[*2]は、集団としての男女差を実験データに基づいて論じており、空間認知の男女差に対して一定の科学的な根拠を与えている。そこで、まず同書をもとに、空間認知の男女差についてこれまでの研究から明らかになったことを整理しておきたい。

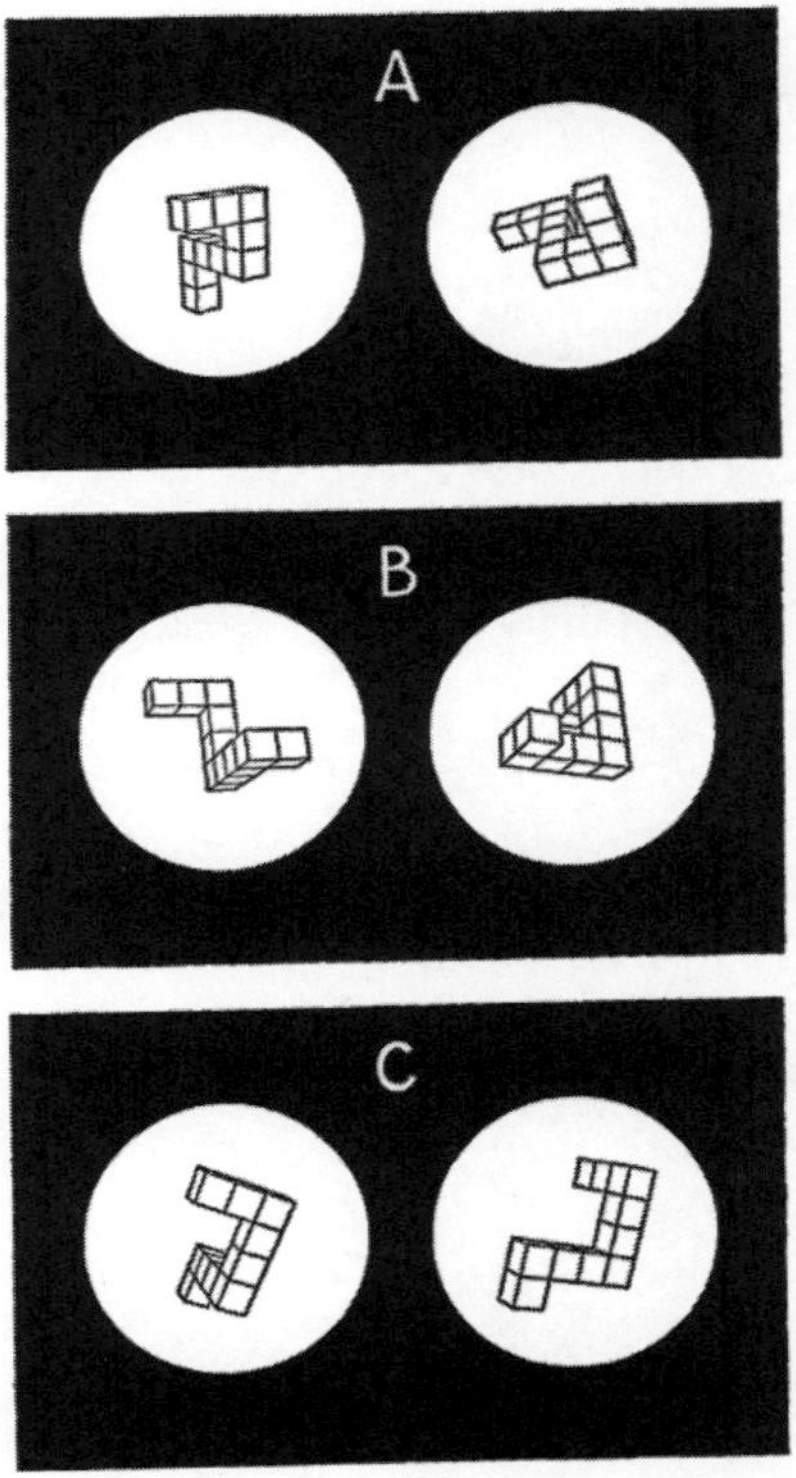

図4-1　心的回転テストの例：回転しても左右の図形が一致しないのはどれか?
出典：Shepard and Metzler（1971）

心理学を中心とした従来の研究によると、空間的能力に関する課題でほぼ共通に男女差がみられるのは、心的回転テストである。心的回転テストとは被験者が、図4-1のような二つずつの模型の図をペアで与えられ、それらを回転して同じ形になるかどうかを答えてもらうもので、3次元図形が異なる向きからどのように見えるかを想像することが求められる。テストの結果から、回答に要する時間に男女差があることがわかったが、その原因については、二つの説明が可能である。[*3]

その一つは、狩猟採集時代からの性別による役割分業によって、男性の方が遠距離の空間移動を進化させる方向に自然淘汰《とうた》がはたらいたという進化主義的な説明である。これは、狩猟のために遠くの場所を行き来する役目を担う男性は、異なる視点から風景を認識したり、認知地図を頭の中で回転する能力が必要になるためである。もう一つは、狩猟採集のための道具を作る役割をもっぱら男性が担ってきたことも原因として考えられる。つまり、道具を作る際には物を頭の中で回転させながら作業する必要があるため、空間的能力が発達するという説明である。ただし、狩猟採集時代の女性が担っていた採集活動も、居住地を離れて食物を探しまわる必要があるし、籠《かご》を編んだり焼き物を作る作業でも、一定の空間的能力は必要とされる。[*4] したがって、こうした進化主義的な説明だけでは十分でない。

男女差のあることがほぼ認められている心的回転能力が、実生活で影響を与える場面があるとすれば、道探しや道案内のときであろう。[*5] そうした場面での男女差に関する研究からわかったこととして、道案内をするときに女性は道沿いの建物や自然の特徴などの目印を使いがちなのに対して、男性は距離や東西南北といった絶対方位を用いる傾向があるという違いである。

つまり、女性が「駅の改札を出て右手に進み、右手に塔のある建物が見えるので、その入口を通ってください」という案内をするところを、男性は「駅の改札を出て北に進み、１００メートルほど歩いて東側にある建物の入口を通ってください」と表現する傾向がある。ただし、空間的課題の中でも物体の位置を記憶することでは、女性の方が優れているともいわれている。たとえば、ある並びに配置された複数の物の中で特定の物の位置を思い出してもらうような課題では、男性より女性の方が成績がよいという実験結果がある。[*6]

3　空間認知の男女差の由来

では、なぜ空間認知に男女差があるのだろうか。その原因についての見解は、必ずしも一致しておらず、また空間的能力の性差自体を否定する研究結果も少なくない。ここでは、空間的能力の性差についての見方を、「欠損説」、「差異説」、「非能率説」という三つの立場に分けて整理する。[*7]

①欠損説　この説は、性差を生物学的要因によって、説明する立場で、遺伝子レベルでの直接的影響と、ホルモン分泌や成熟の速さといった間接的影響とが想定されている。[*8]前者は、空間的能力の男女差の原因を染色体の違いに求める立場であるが、男性の空間的能力が女性より優れているという明確な証拠はまだ得られていない。一方、後者については、アンドロゲン（男性ホルモン）の分泌が脳神経系に作用し、空間的能力の形成に関与することを示唆

する研究結果が得られている。[*9] 空間的能力の男女差が思春期に明確になり、18歳をピークとしてその後は男性の優位性が低下するという傾向も、こうした性ホルモンの影響とみることができる。[*10]

また、脳神経系の成熟の速さの差による影響については、思春期の始まる時期と大脳の機能が左右の半球で分かれていく時期とが関係しており、女子に比べて男子の方が大脳の機能分化（ラテラリティ）が進んでいるため、空間的能力に優れるという説がある。[*11] その根拠となっているのは、大脳の左右の機能分化であるが、空間的能力に関わる機能は、おもに右脳が担っていることが知られている。[*12] 大脳の機能分化が遅れる女子に比べて、右脳の発達が進んだ男子の方が空間的能力に長《た》けているという説明は、一見すると合理的に思える。しかし、それに対する実証的な裏付けは乏しく、脳の可塑性《かそせい》を考慮すると、学習によって左右どちらの半球が優位になるかが変化する可能性もある。[*13]

空間的能力の男女差が顕在化するといわれている思春期は、性役割意識が芽生えてくる時期とも一致するため、生物学的要因だけでなく、社会的・文化的要因も無視できない。[*14] また、空間的能力の男女差が現れる時期についても、思春期より前の児童期にみられるという研究結果[*15]があり、それは親の養育態度に影響を受けた、おもちゃ遊びや行動パターンの性差に関係しているという見方もできる。[*16] そのため、生物学的要因だけでは空間的能力の違いを十分には説明できない。経験を通した社会的・文化的環境の影響も考慮する必要があるだろう。

②差異説　この説は、社会的・文化的要因で性差を説明する立場である。その裏付けとなる空間的行動の性差と空間的能力との関係を検討した事例がいくつかある。たとえば、ケヴィン・リンチは、4カ国の児童の空間的能力を比較して、女子の行動圏が限定されているアルゼンチンとメキシコでは、男子に比べて手描き地図の範囲が狭く不正確であるのに対し、男女がよく似た行動圏を示すオーストラリアとポーランドでは、そうした差はみられないことを指摘している。[*17] これらの結果から、社会的・文化的背景が違うと、性差の現れ方も異なると考えられる。

このように児童の行動圏に性差が現れるのは、男子が自由な野外での活動を許されるのに対して、女子は安全な家の中で過ごすことが多いといった、親の養育態度に起因する生活行動の違いによると考えられる。これは社会的・文化的性差の影響といえる。こうした行動圏の性差は成人にもみられる。たとえば、犯罪に対する恐怖心、労働市場での男女差や公共交通機関への依存度の高さ、それに家庭内での家事や育児に対する責任などから、女性の通勤圏や行動圏が男性より狭くなることが知られている。[*18] したがって、幼児期に始まる社会的・文化的な性役割によって、男性の方が空間的能力を高めるような活動にたずさわる機会が多い場合には、こうした差が生じると考えられる。しかしながら、性別役割分業が明確でない社会や文化のもとでは、空間的能力の性差は明確に現れないかもしれない。

③非能率説　他の二つの説とは違って非能率説は、男女の間で能力自体に差はない代わりに、

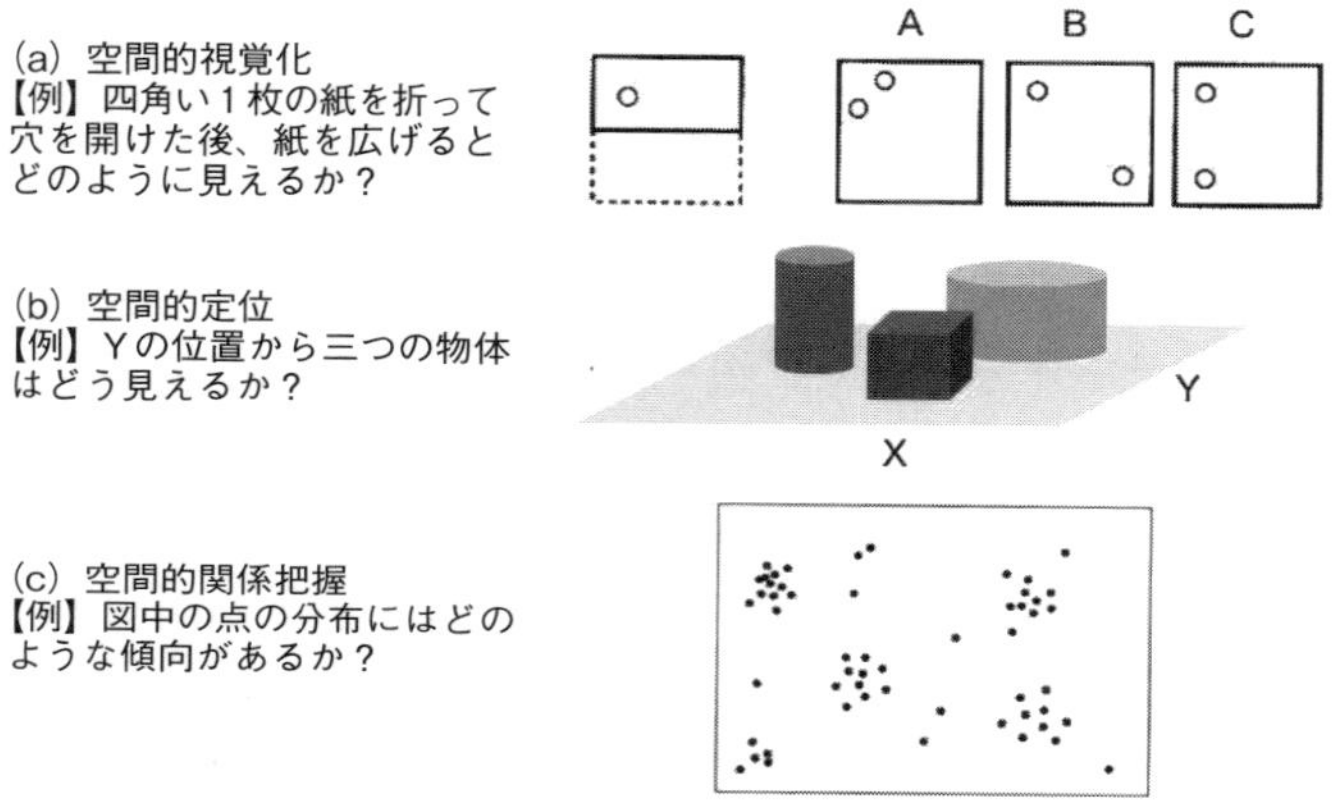

(a) 空間的視覚化
【例】四角い１枚の紙を折って穴を開けた後、紙を広げるとどのように見えるか？
A
B
C
(b) 空間的定位
【例】Ｙの位置から三つの物体はどう見えるか？
Y
X
(c) 空間的関係把握
【例】図中の点の分布にはどのような傾向があるか？

図4-2　空間的能力を構成する三つの要素
出典：若林（2015）

問題解決方略に違いがあるため、与えられる課題の性格によって遂行結果に差が生じると考える立場である。一般に、空間的能力は、「空間的視覚化」、「空間的定位」、「空間的関係把握」の三つの側面から成るといわれている[*19]（図４－２）。非能率説からみると、空間的能力をどの側面から捉《とら》えるかで性差の現れ方が違ってくることになる。

空間的視覚化とは、２次元・３次元の絵のような視覚刺激を心的に操作する能力で、具体的には空間的配置を認識したり、記憶したり想起する能力などがある。これは、幾何学的構造を理解するのに不可欠なもので、多くの知能検査にも含まれている。

空間的定位とは、視覚刺激の要素を理解して別の視点からの見え方を想像する能力である。これは、地図を読むときや空間を移動する際に重要なもので、方向感覚とも密接に関係している。

空間的関係把握は、空間的パターンを読み取る能力などが関係している。これは、心理学ではあまり重視されていないが、地理学的技能を測るのには重要な項目である。

このうち、空間的視覚化については、正確さでは女性が、反応時間は男性の方が優れているといわれている。空間的定位では男性が優秀な成績を残すという報告が多いものの、その逆の結果になった例もあり、空間的関係把握について性差はみられないという結果も得られている。[*20] このように、ひとくちに空間的能力といっても、どの側面から捉えるかによって、性差の現れ方が異なってくる。

4　方向オンチは女性に多いか？

地図が読めないと道迷いにつながり、それが習慣になると方向オンチと呼ばれるようになる。日本の女性には、方向オンチを自認してはばからない人も少なくないが、それは方向オンチが女性らしさの一つの要素とみなされているからかもしれない。つまり、それは女性に対するステレオタイプ（固定観念）の一部なのである。

じっさい、方向感覚を自己評価してもらうと、ほぼ例外なく男女差が現れる。日本で方向感覚を測るテストとして広く用いられてきたのは、心理学者の竹内謙彰[*21]が開発した方向感覚質問紙ＳＤＱ－Ｓである。これは、表４－１にある20の項目をそれぞれ５段階で自己診断してもらうものである。

表4-1　方向感覚質問紙SDQ-Sの質問項目

番号	質問
1	知らない土地へ行くと、途端に東西南北がわからなくなる
2*	知らないところでも東西南北をあまり間違えない
3	道順を教えてもらうとき、「左右」で指示してもらうとわかるが、「東西南北」で指示されるとわからない
4	電車（列車）の進行方向を東西南北で理解することが困難
5	知らないところでは、自分の歩く方向に自信が持てず不安になる
6	ホテルや旅館の部屋に入ると、その部屋がどちら向きかわからない
7	事前に地図を調べていても初めての場所へ行くことはかなり難しい
8*	地図上で、自分のいる位置をすぐに見つけることができる
9*	頭のなかに地図のイメージをいきいきと思い浮かべることができる
10	所々の目印を記憶する力がない
11	目印となるものを見つけられない
12	何度も行ったことのあるところでも目印になるものをよく憶えていない
13	景色の違いを区別して憶えることができない
14	特に車で右左折を繰り返して目的地についたとき、帰り道はどこでどう曲がったらよいかわからない
15	自分がどちらに曲がってきたかを忘れる
16	道を曲がるところでも目印を確認したりしない
17	人に言葉で詳しく教えてもらっても道を正しくたどれないことが多い
18	住宅地で同じ様な家がならんでいると、目的の家がわからなくなる
19*	見かけのよく似た道路でも、その違いをすぐに区別することができる
20	二人以上で歩くと人について行って疑わない

＊は、当てはまる度合いが大きいほど方向感覚はよい項目、その他は当てはまるほど方向感覚が悪い項目

質問事項の多くが地図の利用に関係していることから、方向感覚には地図の役割が大きいといえる。このうち1〜9番は「方位に関する意識」を表し、第5章で説明するサーベイマップを作り出す能力に関係している。これに対して、10〜17番は「空間行動における記憶」を表し、ルートマップの形成に関係している。これら二つの要素に分けて男女間で得点を比較すると、方位に対する意識では男女差が明らかにみられるが、空間行動における記憶では必ずしも男性の成績がよいとは限らない。[*22] つまり、方向感覚のすべての側面で男性が女性より優れているわけではない。

また、これはあくまでも自己評価であることにも留意が必要である。つまり、このテストで男性が高い成績を残すとしても、それは、方向感覚に自信がある人が男性に多いことを物語っているにすぎず、女性が控えめな自己評価をした結果とも考えられる。むしろ、実際に道に迷った経験について尋ねてみると、男性の方が女性よりも道迷いの経験が多いという結果も得られている。[*23] これは、方向感覚に自信のない女性は空間移動の際に慎重に行動することで道迷いを未然に防止しているのに対し、男性は自信過剰なために無謀なふるまいをして結果的に道に迷ってしまうためかもしれない。つまり、方向感覚の自己評価で男女差が際立っても、それが道迷いに直結するわけではない。

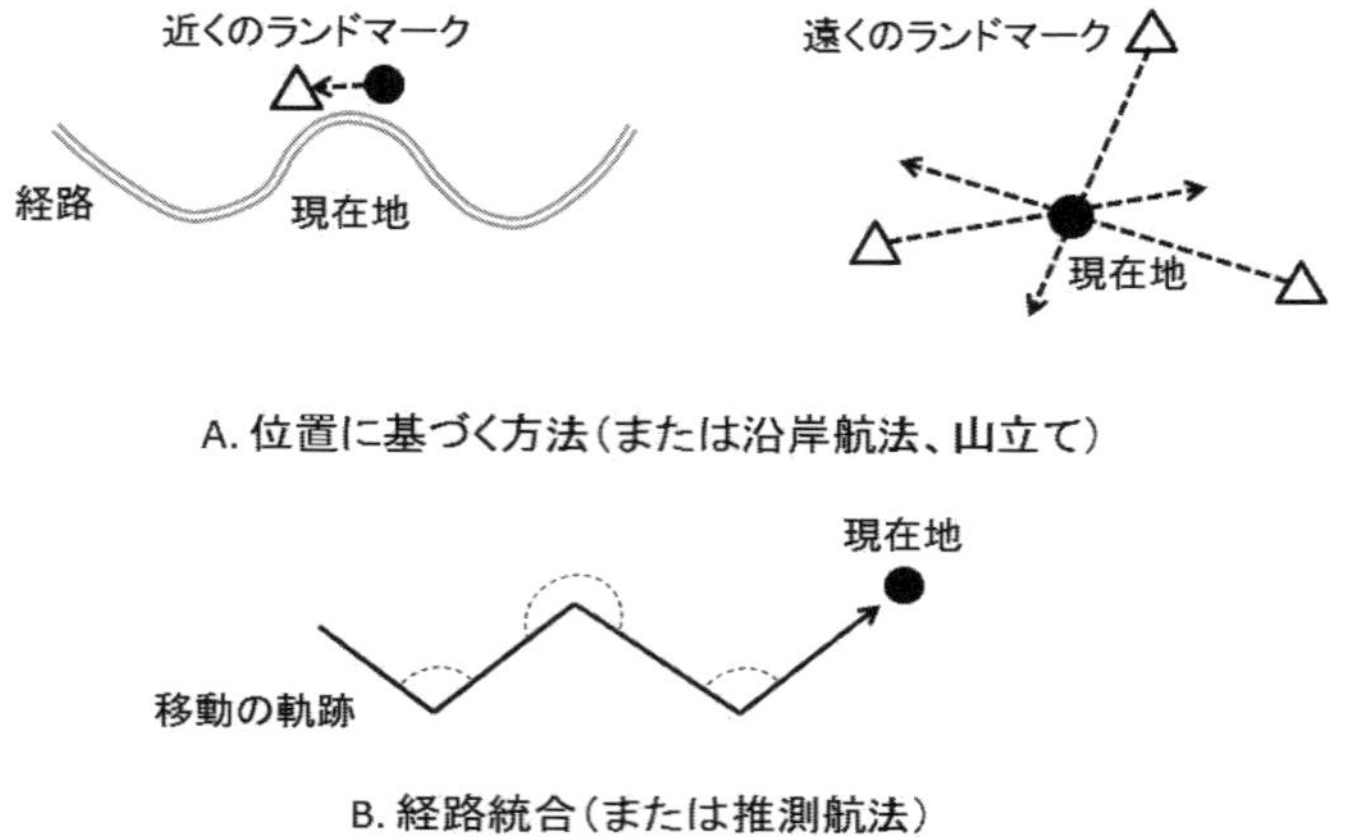

図4-3　ナビゲーションの種類

5　地図が読めれば迷わないか？

では、女性は地図を読めないために道に迷うのだろうか。一般に、ナビゲーションの方法は、位置に基づく方法と経路統合[*24]（path integration）という2通りに大きく分けられる（図4－3）。位置に基づく方法は、さらに経路沿いのランドマークを標識の代わりに使う方法と、遠くのランドマークを方位の基準にする方法に分けられる。航海術では、これは沿岸航法（piloting）と呼ばれるもので、ランドマークの代わりに星座などの天空の手がかりを使う場合は、天文航法と呼ばれる。これらの方法では、視覚的手がかりから現在地を特定するために、なんらかの地図が必要になる。

一方、経路統合とは航海術では推測航法（dead reckoning）に相当する。これは、ランドマークに頼らずに移動速度や加速度の感覚を用いて、現在地と自分の移動に関する情報をたえず更新しながら、移動先の位置を計算によって求める方法である。この場合、地図を使う必要はないものの、空間の規模が大きくなると誤差が拡大するため、実際には他の方法と併用することになる。

このように、地図を用いないナビゲーションの方法もあるとはいえ、人間の経路統合の技能は他の動物より劣っているため、道迷いを防ぐには地図が読めるのに越したことはない。しかし、それは使う地図やその用途によっても違ってくる。

たとえば、初等・中等教育の教科「地理」では、地図を読み取ることが学習指導要領の目標の一つになっているが、それは必ずしも道探しにつながるような内容ではない。たとえば、大学入試センター試験で地図の読図をとりあげた二つの事例を見てみよう（図4－4）。

大縮尺図を用いた（a）の問いでは、等高線から地形の起伏を読み取って、山頂からの眺めを想像することが求められており、空間移動にも関係する内容である。しかし、（b）の小縮尺図の設問では、地図上に示された地点の分布傾向から、何の地下資源の産地かを推定して解答することが求められていて、必ずしも現地を移動することは想定されていない。そのため、こうした地図が読み取れたとしても、それが空間移動に役立つわけではない。

地図が表す空間のスケールによって空間認知の男女差が異なって現れることは、過去の研究でも指摘されており[*25]、一般に大縮尺の地図を使った課題では男女差がみられても、小縮尺地図ではそれほど明らかな差は現れないことが多い。たとえば、主題図と道路地図の読み取りや利

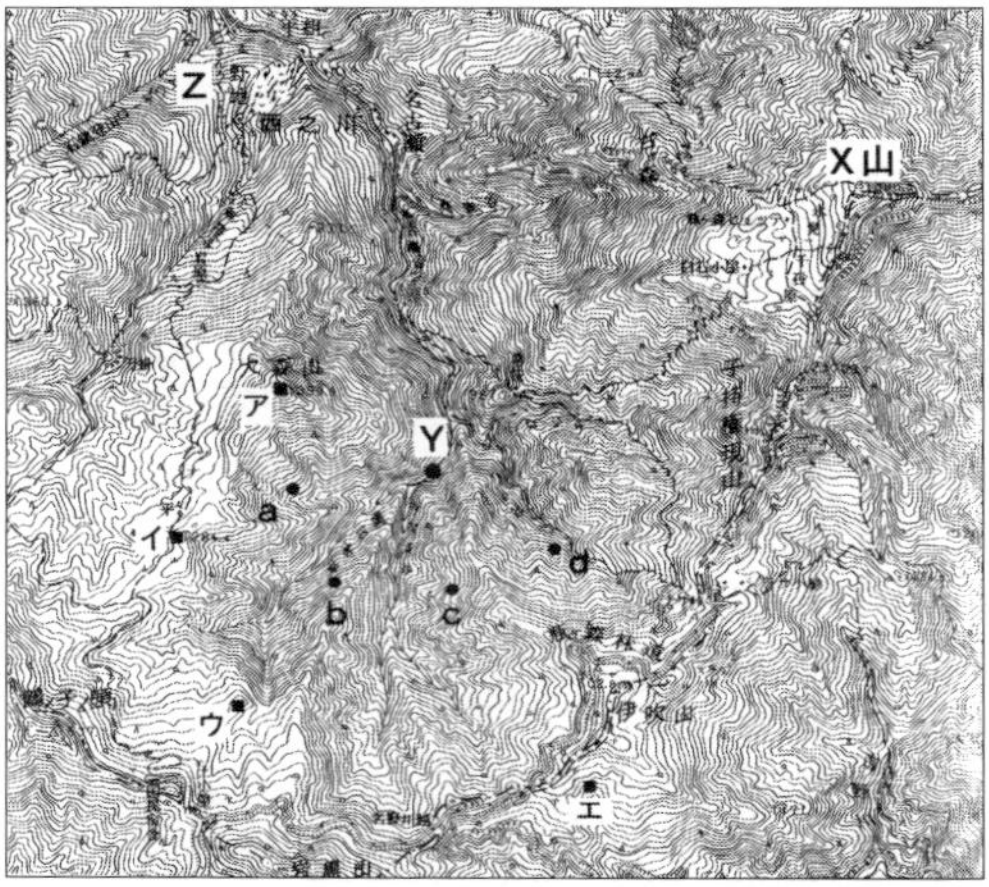

（a）大縮尺の地形図を使った問題（1997年地理Ｂ本試験）：〈設問〉Ｘ山の山頂からア〜エの４地点を眺めたとき、尾根の陰となり明らかに見えない地点をア〜エのうちから選びなさい。

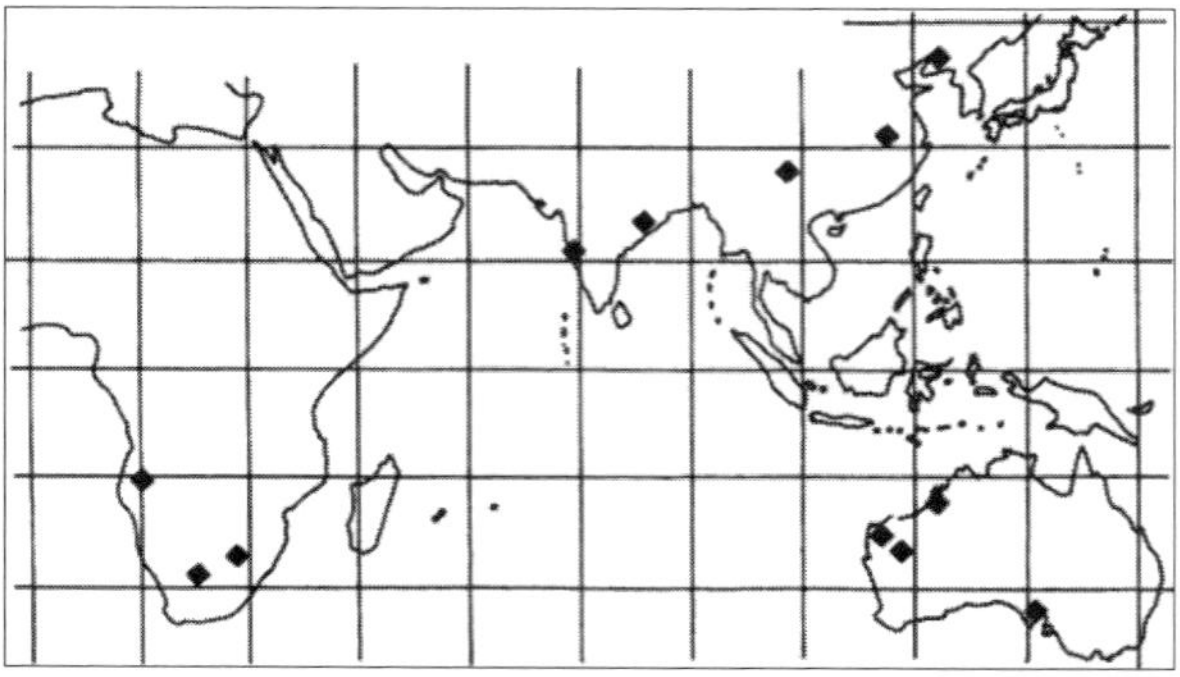

（b）小縮尺の主題図を使った問題（2000年地理Ｂ本試験）：〈設問〉図中のひし形の記号は、ある鉱産資源の主な産出地を示している。この鉱産資源名を答えなさい。

図4-4　大学入試センター試験「地理」で地図を用いた問題の例

用に関する四つの実験を年齢の異なる人たちに対して行った研究[*26]では、地図を利用する技能には基本的に性差はみられないことがわかった。また低年齢の女子は地図の読み取りがやや苦手であるものの、年齢が高くなるにつれて、性差は現れなくなることが明らかになっている。さらに、架空の国についての空間的情報を、文章だけの場合、地図を添えた場合、イメージするよう指示した場合、それぞれの条件で記憶させ思い出させた研究[*27]では、地図を添えたりイメージすることが空間関係の記憶には効果的で、とくに男性は地図を使うと女性より好成績を残した。

課題の条件によって性差の現れ方が異なることを示した研究は、他にもある。たとえば、架空の空間を学習して得られる空間的情報についての実験[*28]では、状況の補足説明や手がかりとなる枠組みが与えられた場合には、女性の方が地図に関する課題の成績がよく、手がかりのない場合には男性の方が好成績を残した。別の研究[*29]では、現実の環境を空間移動や地図によって学習して身につく空間的情報には、基本的に男女差はみられず、課題によってはむしろ女性が好成績を残すという結果が得られている。

このように、課題の条件によって結果が異なる原因として、問題解決の方法が男女間で異なることが考えられる。たとえば、認知地図を言葉や図で表現する際に、男性は定量的なユークリッド空間の特性を用いるのに対し、女性は定性的な位相空間の特性を使うことを示唆する結果[*30]が得られている。ただし、次章で述べるように、男女とも低年齢では認知地図が位相空間の特性を持つため、低年齢で性差は顕著に現れず、一定の訓練を積めばこうした性差は解消されることもある。[*31]そのため、男女間の能力に差があるとか、問題解決の仕方が違うなどと固定的に考えるべきではない。空間的能力を必要とする自然科学や工学の分野で女性研究者が少ないのは、必ずしも男女による適性の違いが原因ではないのである。むしろ比較的短期間の訓練で空間的能力を向上させることは可能という指摘もあり、そのために効果的な訓練法を考えることの方が重要だろう。[*32]

以上のことから、空間的能力の男女差の多くは生まれつきの性質というより、経験による影響を強く受けており、社会的・文化的な性役割やステレオタイプによって、それが強化されていると考えられる。たとえば、方向感覚に関する自己診断結果で女性の方が自身の空間的能力を過小評価する傾向[*33]は、こうした性役割が心理的に影響した結果とみることもできる。いずれにせよ、性差じたいに他の要因が複合的に作用するため、性差と空間認知との関連性は相関があるようにみえるだけという可能性もある。むしろ、ジェンダーの視点からみた場合、見かけ上の能力的性差をもたらす社会的・文化的要因を明らかにすることを通して、そうした要因を除去するべく、男女が同等の能力を獲得し発揮できるような訓練や機会を提供することが、社会に求められるのである。

6　女性のための地図

以上のように、「女性は地図を読むのが苦手」という説の科学的な根拠は、生物学的性差とジェンダー差の両面から考えなければならないが、地図の種類によっては女性の方がよく利用している場合もある。たとえば、筆者[*34]が、大学生の地図利用について実態調査を行ったところ、地形図などの汎用性の高い地図は男性がよく利用するが、案内用の地図は女性の利用が多いことがわかった。

そもそも女性は地図を読むのが苦手という説の原因を考えるとき、従来は読み手の性別に原因を求めてきたわけであるが、地図の側にも原因の一端があると考えらえる。つまり、従来の地図が暗黙のうちに男性の読み手を想定して作られてきたことも、女性から地図を遠ざける一因となった可能性がある。もしそうなら、女性の空間認知の特徴に合わせた表現の地図を用意すれば、問題の一部は解消されるかもしれない。じっさい、女性自身が企画・作製に深く関わり、女性利用者を強く意識した地図帳の事例として、２００３年に昭文社から発行された『Link Link! TOKYO & YOKOHAMA』（以下、リンク・リンク！）がある。[*35]

この地図帳の作製に関わった担当者によると、同書は社内の女性スタッフから企画案を募集して、当初から女性自身によって作製が進められたものだという。こうして集めた意見をもとに出来上がったのが、『リンク・リンク！』である。同書を手にとって、まず目を引くのは、

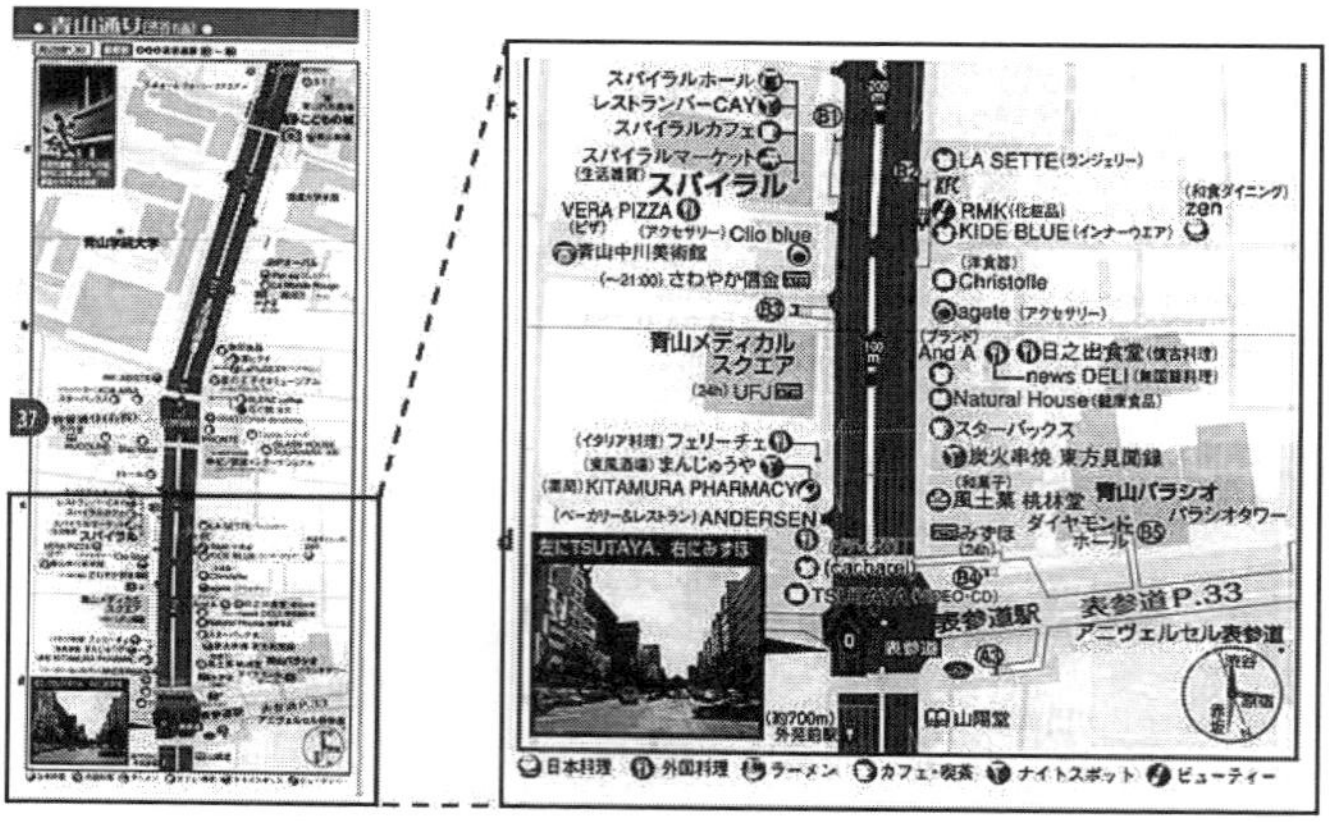

図4-5　『リンク・リンク!』の地図表現（ストリートマップの例）
出典：村越・若林（2008：142）（地図使用承認©昭文社　第08E001号）

日本の地図帳には珍しい縦長の判型で、フランスの『ミシュランガイド』やアメリカの飲食店情報誌『ザガット』に似たおしゃれなデザインを採用していることだ。また持ち運びが容易で片手でもめくれるという機能性も重視されているし、巻頭には、若い女性を意識してブランドショップの索引が掲載されている。

地図表現上の大きな特徴は、繁華街ごとに切り分けたストリートマップで、上を必ずしも北に固定せず、主要街路での進行方向を想定して柔軟に向きを変えていることである（図4－5）。これはカーナビの地図表示でいえば、ヘディングアップのモードに相当するが、個々の地図には方位記号を添えて絶対方位もわかる仕組みになっている。また、縮尺の代わりに、起点となる最寄り駅からの経路距離が足あとマークで示され、道路沿いの目印になる建物の写真が添えられている。細かく見ていくと、ＡＴＭの開いている時間まで記載されている。逆に、店舗以外の情報が極端に省略されているのも特徴的である。

方向感覚の性差に関するこれまでの研究では、女性は東西南北の絶対方位よりもランドマークに頼りがちであることが知られているが、『リンク・リンク！』のように進行方向に沿って整置され、目印をわかりやすく示した地図は、空間認知の性差に関する研究結果からみて理にかなったものといえる。起点となる最寄り駅を下にしているため、帰り道では逆さまにして読まなければならないという不便さは残るのだが、先に述べた方向感覚質問紙（表４－１）で測った方向感覚で目印の記憶に関わる因子についての男女差は比較的小さいことを考えると、とくに問題は生じないかもしれない。

ストリートマップで示された地区までの道案内にも工夫のあとがみられる。同書の利用案内によれば、読者はまずエリアマップという縮尺５０００分の１程度の広域図を見て、ストリートを選ぶことになる。これは北を上にした通常の市街図と同様のもので、そこに個々のストリートの位置が示されている。また、ストリートの最寄り駅の情報を示した「駅出口information」では、地下鉄の出口番号に加えて地上での身体の向きまで表示されるというように、きめ細かい配慮がうかがえる。

このように、『リンク・リンク！』は従来の地図の常識を覆《くつがえ》す斬新な表現を試みている。これは、女性にターゲットを絞り込んだ結果でもあり、ある大手書店では同書の購入者の６割強が女性だったという。ある意味で、同書の成功は、従来の地図作りが男性中心に行われてきたことを浮き彫りにしたともいえるだろう。

同書は東京・横浜だけを対象にしているため、地方ではなじみが薄いかもしれないが、初版で11万部を売りさばいた実績は注目に値する。とはいえ、他の都市でこれと同じような地図を作ったとしても、これほどの売り上げを達成できたかどうかは疑問である。その市場規模の大きさもさることながら、東京・横浜の街路パターンも関係している。この2都市の街路は複雑な地形の起伏に沿った不整形なもので、通りが必ずしも東西南北に沿って走っているとは限らない。そのため、北を上に固定した地図では、現地で進行方向に合わせて地図を回転する必要に迫られることになる。これが京都、名古屋、札幌のような基本方位にほぼ沿った格子状街路の卓越する都市であれば、北を上にした地図が主流であるため、街路に沿って地図の向きを変える必要はなく、また新鮮味も乏しい地図になるであろう。

7　地図表現の先祖返り

ところで、こうした女性利用者を強く意識した地図は、観光案内書のイラストマップのような形で以前から存在していた。おそらく、それが日本で始まったのは、旧・国鉄が１９７０年から行った「ディスカバージャパン」というキャンペーンが一つのきっかけであろう。[*36]その頃から「アンノン族」と呼ばれた若い女性の個人旅行が盛んになり、萩・津和野・高山などの小

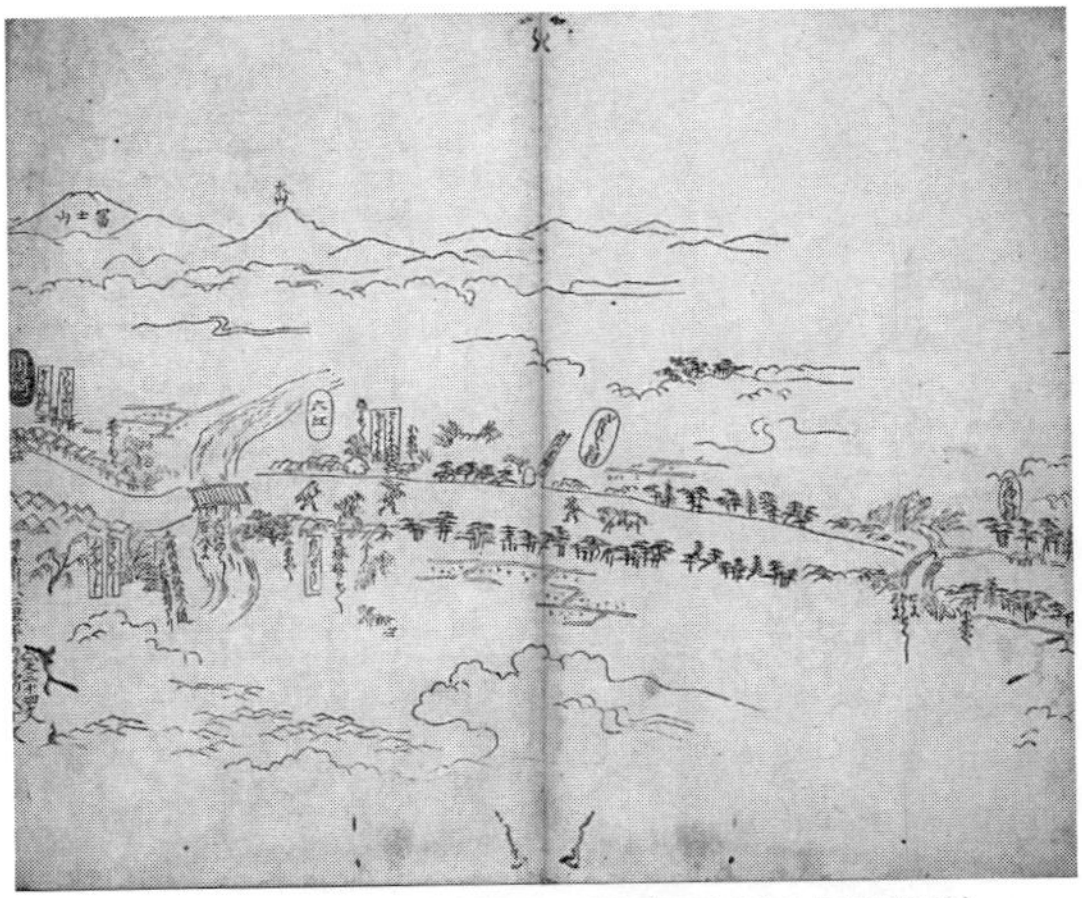

図4-6　東海道分間絵図の一部（国立国会図書館蔵）

京都が新たな観光地として発掘されたわけだが、その旅行案内で多用されたのがイラスト入りのデフォルメされた案内図だった。

その後に訪れた１９８０年代後半からの円高による海外旅行ブームは、若い女性が主たる担い手であったことはよく知られている。このように、旅行で各地を訪れる女性客が増えるにつれて、女性向けの地図の需要も増大したのである。その結果、日本で出版される観光ガイドブックの多くには、イラストマップがほぼ例外なく掲載されるようになっている。これは欧米のガイドブックにはほとんどみられない日本独自のものともいえる。

ところで、地図の歴史をさかのぼれば、このような帯状地図（strip map）のたぐいは、中世・近世の道中図や河川絵図《えず》をはじめとして、洋の東西を問わず存在していたことが知られている。[*37] 図4－6に示したのはその一例である。こうした地図は、旅行者の便宜を考えて作られており、ツーリズムと密接に関連して発展してきたといえる。実際、図4-6にも道沿いのランドマークや景色の一部を描き込んであり、『リンク・リンク！』とも類似した表現となっている。その点では、『リンク・リンク！』は地図表現の先祖返りを示唆している。

残念ながら、この地図帳は他の都市には広がらず、東京・横浜版も絶版となってしまったが、これとよく似た地図表現は、『震災帰宅支援マップ』（昭文社）に引き継がれている。そこでは、都心から郊外に向かう帰宅者を想定して、幹線道路に沿って郊外を上に向けたレイアウトが使われている。これも２０１１年の東日本大震災以降に評判になったが、こうした表現が男女問わず受け入れやすいことを示唆している。つまり、第8章で詳しく紹介するカーナビのヘディングアップ地図と同様に、進行方向に地図の向きを整置することは、誰もが使いやすい地図のユニバーサルデザインにもかなっているのである。

［注］

*1　ピーズ&ピーズ（2000：113–114）

*2　キムラ（2001）

*3 キムラ（2001；53）
*4 ニューカム（2013：116）
*5 キムラ（2001：58）
*6 キムラ（2001：61）
*7 Self et al.（1992：316）、Kitchin（1996：274）
*8 竹内（1998：21–28）
*9 新井（1997：154–162）
*10 Kitchin（1996：274）
*11 竹内（1998：26）
*12 田中（1998：153）
*13 田中（1998：153–157）
*14 竹内（1998：32）
*15 Newcombe（1982）
*16 Matthews（1992：167）
*17 リンチ（1980）
*18 Hanson and Pratt（1995）
*19 Self et al.（1992）、Golledge and Stimson（1997：157–158）

＊20 Self and Golledge（1994）
＊21 竹内（1998）
＊22 竹内（1998）
＊23 若林（2003）
＊24 藤田・野地（2008）
＊25 １９９０年代以降の関連文献を分析した Coluccia and Louse（2004）の展望論文を参照。
＊26 Gilmartin and Patton（1984）
＊27 Gilmartin（1986）
＊28 McNamara et al.（1989）
＊29 Golledge et al.（1993, 1995）
＊30 Miller and Santoni（1986）
＊31 Self et al.（1992）
＊32 ニューカム（2013）
＊33 竹内（1998）
＊34 若林（2003）
＊35 村越・若林（2008）
＊36 白幡（1996：79–82）

*37 堀（1997）、久武・長谷川（1993）

第5章　頭の中にも地図がある

1　「脳内GPS」の仕組み

道に迷わないためには、地図を携行してそれを正しく使うことがまず第一だが、常に手元に必要な地図があるとは限らない。それなら頭の中に地図を持てばよい。そう言われても、頭を開いて解剖したところで、2次元平面に描かれた地図のようなものは見つかりそうにない。しかし、2015年のノーベル医学・生理学賞は、頭の中の地図が脳内に実在することを生理学的に証明した研究者に授与された。

そもそも頭の中にも地図のようなものがあるというアイディアは、半世紀以上前の1948年に心理学者のトールマンが考え出したものである。彼はそれを「認知地図」という言葉を使って表現した。[*1] しかし、トールマン自身も仮説的な概念として、この言葉を使っているにすぎなかった。

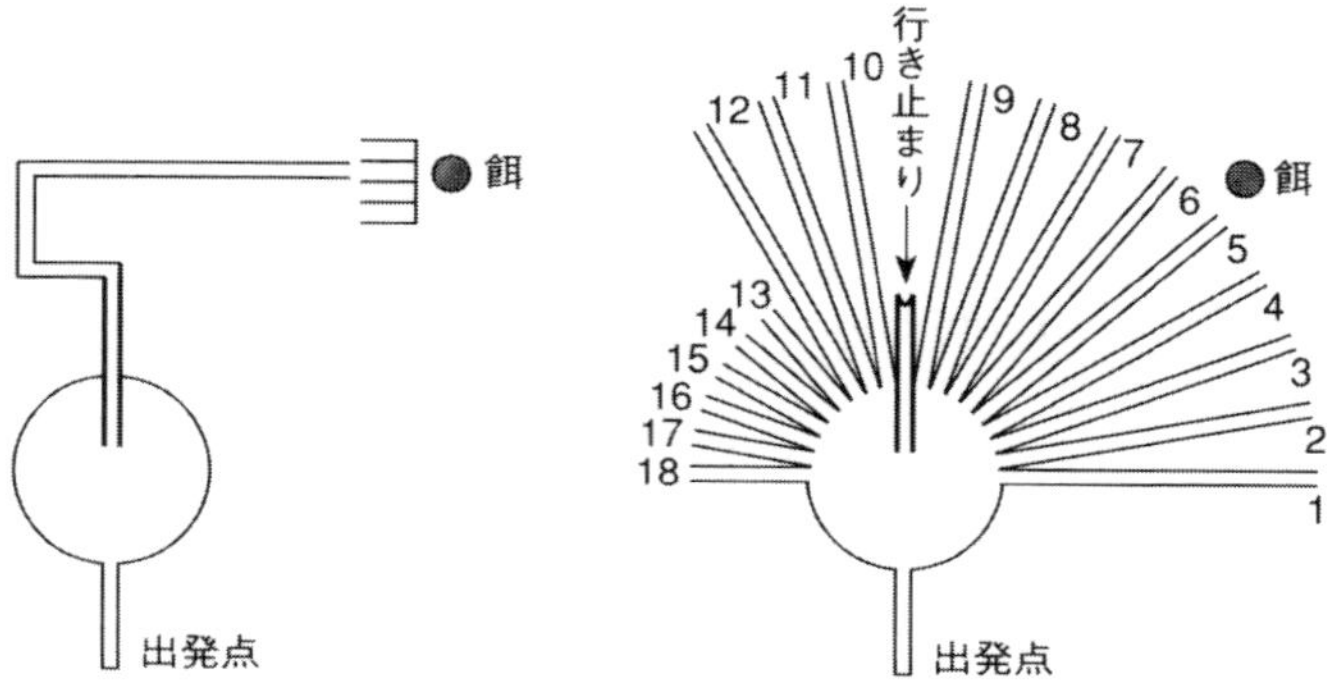

（a）学習フェーズ　（b）実験フェーズ

図5-1　トールマンが実験に使用した２種類の迷路
出典：新垣・野島（2001：56）

トールマンがこの概念を提唱するにいたった実験は、心理学の教科書にも登場する有名なもので、図5－1の迷路をラットに学習させるという内容であった。最初に、左側の迷路を使って、餌場《えさば》への経路を学習したラットは、その後で右側の放射状の迷路に移され、餌場を探索することになる。もしラットが道順だけを記憶していたとすれば、出発点から直進するはずであるが、最も高い頻度で選ばれたのは、餌場に最短経路で向かう6番の経路だった。このことから、トールマンはラットが最初の迷路の学習で理解したのは単なる道順ではなく、餌場までの位置関係を示す地図のようなものであったと考えた。これを説明するために用意された概念が、認知地図である。

認知地図の概念が提示されてから半世紀以上たった２０１５年にノーベル医学・生理学賞を受賞したのは、トールマンの仮説を裏付けるものであった。

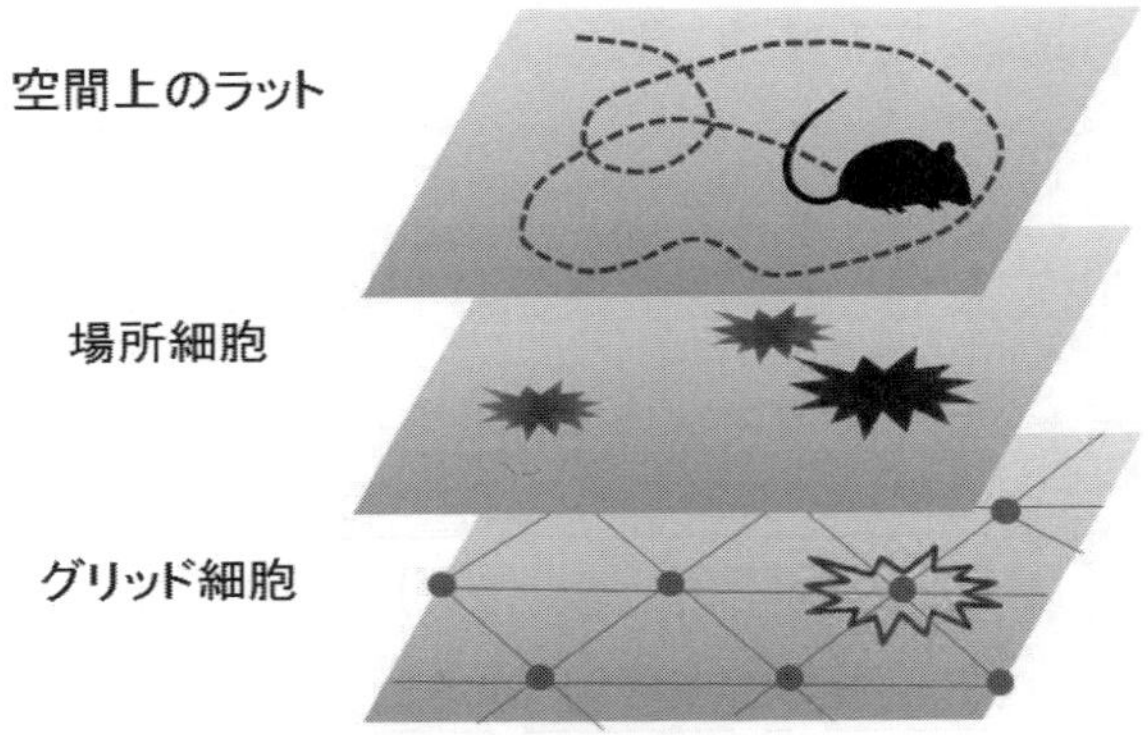

図5-2　脳内GPSの概念図
出典：ノーベル財団のホームページなどをもとに作成

このときの受賞者は、英国のオキーフ教授と、ノルウェーのモーザー夫妻の3名である。[*2] このうち、オキーフ教授は、ラットが環境内を動き回る際に特定の場所にいるときにだけ発火する脳内の神経細胞があることを1971年に発見し、これを「場所細胞」と名付けた。つまり、場所細胞の発火パターンが一種の地図を作り出していることがわかったのである。この場所細胞は、脳内では海馬《かいば》と呼ばれる記憶を司る部位にあることがわかっている。

この研究をさらに進めたモーザー夫妻は、正三角形の頂点を結ぶグリッド（格子）のどこかに来たときに発火する細胞を2005年に見いだし、これを「グリッド細胞」と名付けた。それは、海馬に情報を送る嗅内《きゅうない》皮質《ひしつ》と呼ばれる部位にあるとされ、海馬内の場所細胞とネットワークを形成しているという。これによって、脳の中に環境内での位置を特定する仕組み、すなわち「脳内GPS」を作り出すことになる（図5

－2）。

この章では、頭の中の地図の成り立ちと、それがどうやって形作られるかについて、通常の地図と比較しながら述べてみることにする。

2　地理的知識と教育

ふだんの生活の中で私たちが頭の中にある地図を意識することはほとんどないといってよい。それが意識されるのは、地名・地理のクイズを解くときや、フリーハンドで地図を描くよう求められるような特別なときであろう。

たとえば、ニュースなどで登場する外国の地名について、所在地を答えるよう求められたとすると、はたして正しい位置を答えられるだろうか。2005年2月23日の新聞誌上をにぎわせたのは、その前年に日本地理学会地理教育専門委員会が実施した、高校・大学生の世界認識調査の結果であった。その結果の一部を示したのが**表5－1**である。

新聞では、当時のニュースで頻繁《ひんぱん》に登場していたイラクの位置を間違って解答した大学生が4割以上いたことを見出しにしていた。これは、私たちの頭の中にある地図に、数多くの欠落や誤りがあることを物語っている。小・中学校での地理教育は、そうした地理的知識の欠落や誤りを正す役割を果たしている。

この調査結果がマスコミの注目を集めた背景には、「ゆとり教育」のもとで進められた授業時間と学習内容の削減による学力低下が問題視されていた、当時の社会情勢もあったとみられる。この調査を実施した日本地理学会は、高等学校での地理教育の充実（とくに地理の再必修化）を求める根拠として、その結果を提示していた。ちなみに米国では、12歳の児童のうち5人に1人が、世界地図上で自分の国をブラジルと誤って指し示したという新聞記事が一つのきっかけとなって、1980年代後半に地理教育復興運動が始まっている[*3]。

表5-1　日本地理学会による高校・大学生の地理認識調査結果

国名	誤答率（%）	
	大学生	高校生
ウクライナ	45.2	67.0
イラク	43.5	45.9
ケニア	33.7	47.3
ベトナム	26.4	42.1
ギリシャ	23.5	40.6
フランス	12.2	25.3
北朝鮮	9.7	23.9
ブラジル	7.2	12.9
インド	3.2	8.0
アメリカ合衆国	3.1	7.2

出典：日本地理学会地理教育専門委員会発表資料により作成

しかし、過去に実施された同様の地理的知識の調査結果をふまえると、こうしたテストを成人に対して行ったとしても、それほど大きくは違わない結果になったのではないかと予想される。つまり、学校での地理教育を受けたかどうかにかかわらず、人間の地理的知識には曖昧《あいまい》さや誤りがある程度含まれるのは仕方のないことである。その不確かさに何か規則性を見いだしたり、理論的に説明しようとするのが、認知科学の側からの関心である。これに対して、地理教育では正しい地理的知識を児童・生徒に身に付けさせる方法に関心が向かうという点で、認知科学とは興味の対象に多少の違いがみられる。

3 手描き地図からみた認知地図の特徴

さきほどの調査結果のように、選択肢として与えられた地名と地図の対応関係を問われたときよりも、白紙の上にフリーハンドで地図を描くよう求められた場合に、頭の中の地図を意識せざるをえないであろう。そうして描かれた地図は、手先の器用さや絵画のセンスも多少は影響するだろうが、基本的に描き手の認知地図の特徴が現れていると考えてよい。そのため、過去の認知地図研究でも、手描き地図を用いた調査研究が盛んに行われてきた。

たとえば米国の地理学者サーリネンは、手描き地図に描かれた様々な要素の数とその分布、そして描かれた地図の配置に着目しながら、世界各地の学生が描いた世界地図を比較することを試みた。そのために、米国、カナダ、フィンランド、シエラレオネの高校生を対象に調査を行った後、彼はより大規模な調査を企画し、１９８５〜87年にかけて世界52カ国75地区で収集した３５６８人の大学生による手描き地図を分析している。

こうして集められた世界地図は、一見すると千差万別ではあるが、国や地域ごとに比較すれば、一定の共通点や類似性が見いだせる。たとえば、描き込まれた地名を国別に集計してみると、手描き地図からみた学生の世界観を規定する共通した要因として、①近さ、②土地の形、

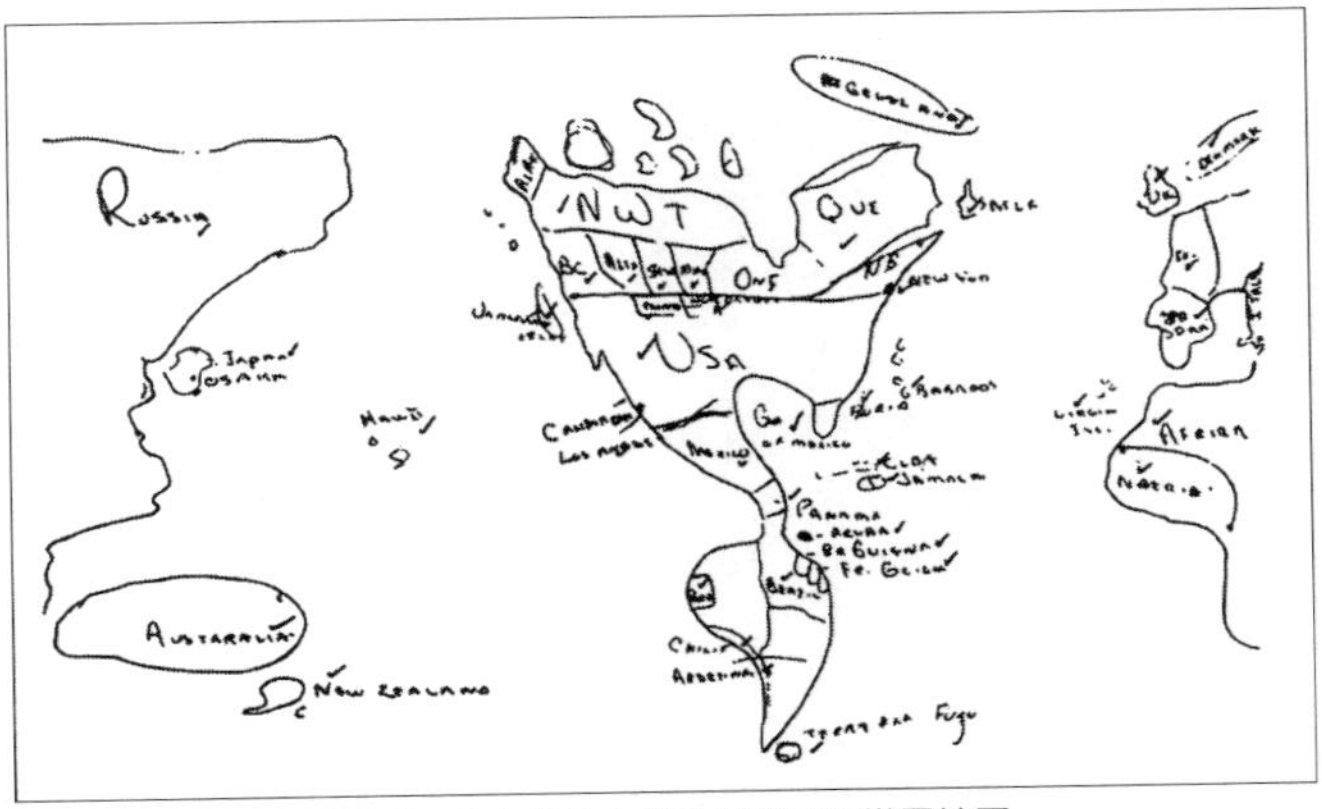

図5-3　カナダの大学生が描いた世界地図
出典：Saarinen（1973）

③土地の面積、④国際情勢、⑤文化的要因を指摘できる。

　これを、図5-3に掲げたカナダの学生による世界地図を例にして説明しよう。この図を見ると、学生が住んでいるカナダから遠ざかるほど描かれる地名の数も形の歪みも大きくなっているのは、①の近さの影響と考えられる。ただし、南米最南端のフエゴ島やアフリカ最南端の喜望峰《きぼうほう》のように、遠くにあっても孤立していたり、国や大陸の終端部に位置する場所は描かれる頻度が高い。これをサーリネンは、大陸の端にある場所の地名にたとえて、「ウラジオストク効果」とか「パースの法則」と呼んでいる。

　一方、大国に比べて小国が描かれにくいのは、③の面積の印象を表しているが、比較的小さくても独特の形をとるチリやイタリアが描き込まれている点は、②の土地の形の影響とみることができる。また、アラスカと旧ソ連との間にあるベーリング海峡が大きく広がっているのは、調査当時が冷戦の時期であったことからみて、④の国際情勢の要因の現れであろう。詳しくみると、日本は東京ではなく大阪の名称が書き込まれているが、これは調査が行われた頃に大阪万博が開催されたことの影響かもしれない。⑤の文化的要因の効果の一端は、カナダが属する英連邦諸国（英国とその旧植民地）についての記載が全体の約3分の1を占めていることにも現れている。

4　自己中心的世界像の由来

図5－3のようにアメリカ大陸を中心に据えた配置は、日本を真ん中にした地図を見慣れている日本人には違和感を与えるかもしれない。そもそも地球全体を地図に表すとき、中心をどこに置くかは基本的に描き手の自由のはずである。しかし、実際に身の回りにある世界地図の中心を調べてみると、限られたタイプしかないことがわかる。サーリネンは、地図の中心位置からみた手描き地図の構図を類型化して、ヨーロッパ中心型、中国（太平洋）中心型、アメリカ中心型の3タイプに分けている。[*4] その中で最も多いのが、アメリカ大陸を左、極東を右手に据えたヨーロッパ中心型で、ヨーロッパやアフリカだけでなく、ヨーロッパの旧植民地が多い南米の一部やアジアでも高い出現率がみられる（表5－2）。

これは、近代地図作製の拠点となったヨーロッパ諸国の旧植民地がこれらの地域に多いこと

表5-2　中心の位置からみた手描き世界地図の構図の地域的差異

回答者の地域	サンプル数	出現率（%）			
		ヨーロッパ中心型	アメリカ中心型	中国（太平洋）中心型	その他
ヨーロッパ	640	94	2	1	3
アフリカ	799	97	1	0	2
中南米	361	89	6	1	4
北米	884	69	22	3	6
オセアニア	191	16	6	72	6
アジア	988	69	1	25	5
（うち東アジア）	236	12	1	83	4

出典：Saarinen（1988：120）の表をもとに筆者が作成。東アジアには、例外的にヨーロッパ中心型が多い香港を除いた、日本、中国、台湾、韓国が含まれる

や、英国のグリニッジを通る本初子午線《ほんしょしごせん》（0度の経線）を中心に据えた地図が世界的に普及しているためであろう。そして、東アジアとオセアニアの国々では中国（太平洋）中心型のタイプが、アメリカ大陸ではアメリカ中心型のタイプが比較的多く、自己中心的な世界像の特徴が端的に現れている。これらは、いずれも各国で使用される世界地図のレイアウトを反映したものと考えられる。

一方、大陸の面積を計測してみると、地元の大陸は誇張気味で、とくにヨーロッパは全体的に過大評価されるのに対し、アフリカは実際よりも小さく描かれる傾向がある。[*5]これは、高緯度地方を過大に表現するメルカトル図法の地図を私たちが見慣れていることや、アフリカに対する関心の低さに起因すると考えられる。ちなみに、高校生以上の日本人1878人から手描き世界地図を集めたある調査[*6]によると、すべての大陸をカバーしてほぼ正確に描けた人は15・5％にすぎず、とくにアフリカをはじめとする第三世界に対する知識が乏しかったという。

このように、精度の違いはあるにせよ、地球上で地図に表せない場所がほぼなくなり、地理空間情報が豊富に流通している今日でも、私たちはいまだに自己中心的な世界像にとらわれているのである。そもそも地球を一望の下に眺めるのは不可能だから、私たちは地図の助けを借りなければ世界の全貌を知ることができない。そのため、私たちの世界像は学校教育やマスメディアから供給される地理空間情報に左右される部分が大きいのである。

5 歪んだ認知地図

認知地図の特性は、測量に基づく正確な地図と比べてみると明らかになることが多い。たとえば心理学者のカンターとタッグは、東京都心部の駅間の認知距離データをもとに、多次元尺度法（ＭＤＳ）によって、２次元平面に置き換えた認知地図上での駅の位置関係を求めている。その結果を示した図5－4を見ると、実際には南北に長い楕円形をなす山手線が、東西方向に引き伸ばされて円形に近い形に歪んでいることがわかる。

これは、山手線を横断する中央線が湾曲しているために、実際の移動に要する東西間の距離が地図上でのそれよりも長いと見積もられた結果かもしれない。あるいは、円形という単純な形に山手線を変形することで、覚えやすくした結果とも考えられる。また、銀座が山手線の内側にズレて認知されているのは、それが地下鉄の駅であるために地上の駅との間で位置を混乱させているからであろう。

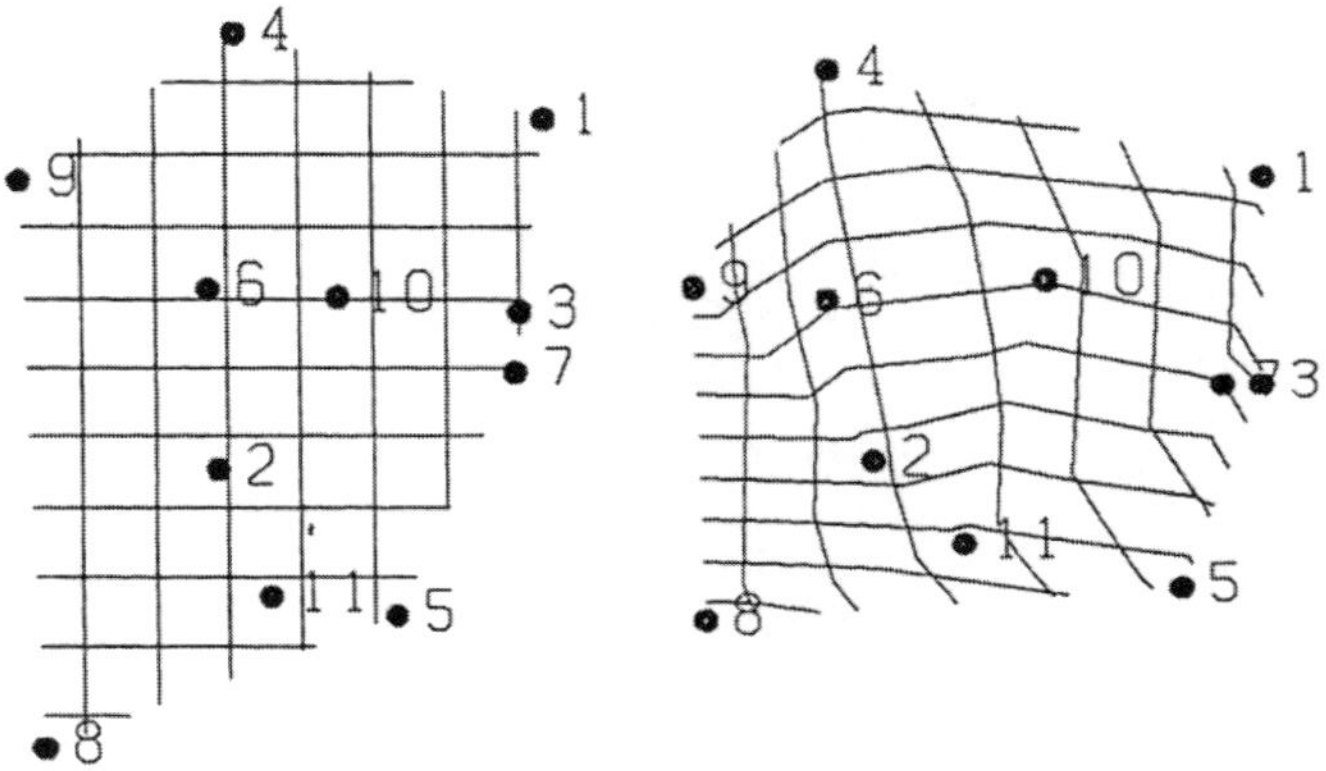

（a）現実の位置　　（b）認知地図上の位置

図5-4　東京中心部の認知地図の歪み

1：上野、2：渋谷、3：東京、4：池袋、5：品川、6：新宿、7：銀座、8：自由が丘、9：中野、10：四谷、11：目黒

出典：Canter and Tagg（1975）の結果に基づいて筆者が格子を挿入

このような認知地図の歪みは、描き手が持っている空間的知識が乏しいために起きることは確かだが、曖昧な知識しかない場合でも、人間は深く考えずに試行錯誤で（ヒューリスティックなやり方で）位置を推定しようとする。その場合、描かれた地図には一定の系統的歪みが生じるものの、それは認知科学で明らかになった人間の情報処理プロセスの性質によってほぼ説明できる。[*7]

たとえば、前掲の図5-3では、南アメリカ大陸が北アメリカ大陸のほぼ真南に移動し、輪郭の主軸が子午線に揃うように回転しているようすが見て取れる。これは、正確な位置や形状がわからない事態で、より均整のとれた配置や形状に近づけようとする「整列・回転ヒューリスティックス」という認知的処理が用いられた結果とみなされる。一方、カナ

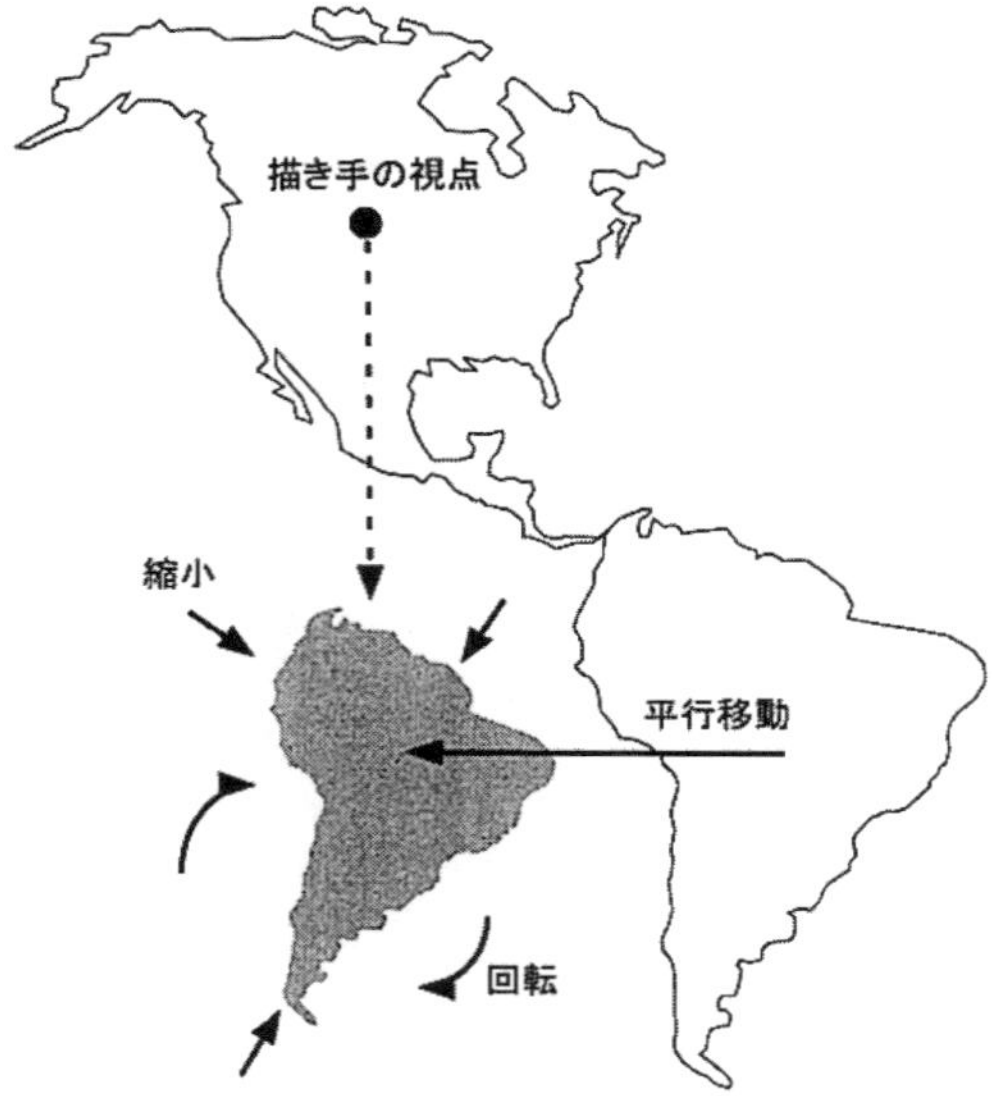

図5-5　手描き世界地図に現れた系統的歪みの成分
出典：若林（1999）

ダから遠い南米の大きさが相対的に小さく見積もられているのは、基準点に近い領域ほど過大評価されるような認知的処理の結果と考えられる。

　また、図5－3では米国とカナダの国境が緯線と平行に描かれていて、五大湖付近の屈曲が無視されている。米国とカナダの国境線は、実際には五大湖付近で南に湾曲し、西海岸より東海岸の方が低緯度側にあるのだが、こうしたトリビアルな事柄は、一般の人には意識されることなく、実生活で困ることもないかもしれない。そのため、たとえば「米国のシアトルとカナダのモントリオールは、どちらが北にあるか」といった問いに正しく答えられる人は少ないであろう。正解はシアトルなのだが、国の位置関係ではカナダの方が高緯度側にあるため、モントリオールの方が北だと間違った答えをする人が多いのではないだろうか。

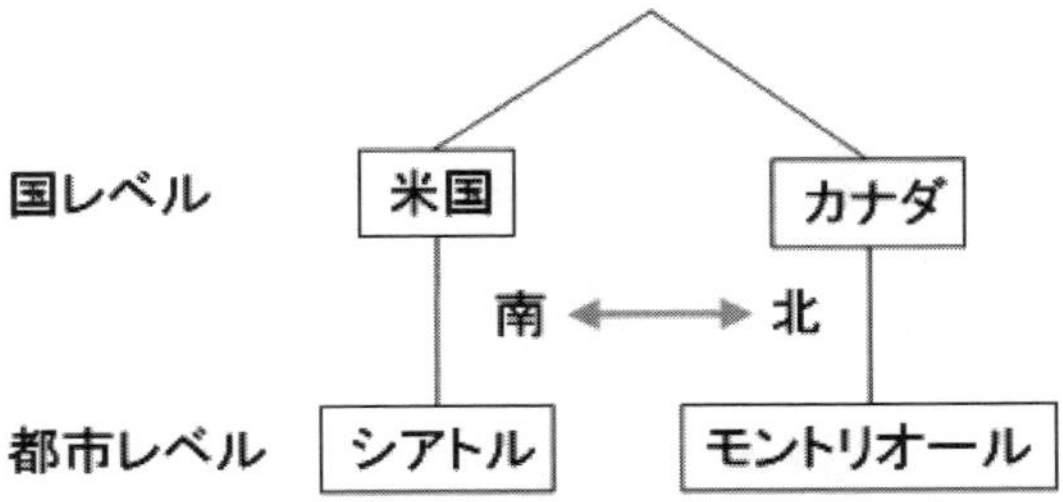

図5-6　シアトルとモントリオールの位置に関する空間的知識の階層構造

この質問は、空間的知識の階層構造を検証することを目的としたスティーブンスとクープ[*8]の研究で用いられた事例である。彼らは、この質問に対する誤答の原因について、次のように説明した（図5－6）。まず、記憶の中での認知地図は、自然的・人為的境界で仕切られた領域ごとに分割され、場所の重要度に応じて階層的に貯蔵されていると考える。つまり、シアトルとモントリオールといった都市の位置は、米国とカナダといった上位レベルの国の領域に含まれる下位レベルの地点として記憶されていることになる。下位レベルの二つの都市の位置関係が直接わからない場合は、それらが含まれる上位レベルの国の領域の位置関係を手がかりにして推理することになる。その結果、前述のような間違った回答がもたらされることになる。

　このように、一見すると何の規則性もないような個人の認知空間の歪みには、描き手の空間的知識だけでなく、人間の認知プロセスに共通する性質が潜《ひそ》んでいるのである。

6　ルートマップからサーベイマップへ

手描き地図の描画スタイルからは、空間認知の発達のようすを捉《とら》えることができる。たとえば、図5‐7に示した2枚の手描き地図は、東京近郊にある大学の学生にキャンパス周辺を地図に描くよう求めた結果である。（a）の学生は、右上にある駅から左下の大学を結ぶバス路線の道筋を描いているが、路線の外側についてはほとんど情報がない。このような道筋に沿って描かれた地図をルートマップと呼ぶ。これに対して（b）の地図は、地元出身の学生が描いたもので、キャンパスの外側に広がる森や湖、あるいは寺社などの施設まで書き込まれている。このように、単なる移動経路ではなく、様々な地物《ちぶつ》の位置関係を空間的に示した地図をサーベイマップと呼ぶ。

この二つのタイプに手描き地図を分けた場合、一般には時間の経過とともにルートマップからサーベイマップへと移り変わるとされている。[*9] ルートマップとは、移動の経路を心の中でたどって構成される地図で、サーベイマップとは地物の空間的配置を表したものである。認知地図の標準的な発達モデルでは、①個々のランドマークを記憶する、②ランドマークの系列としてのルートを理解する、③複数のランドマークやルートを統合する、④すべてのルートが統合されたサーベイマップを形成する、という段階を経て、次第に距離や方位が理解されてゆき、認知地図の正確さも高まると考えられてきた。[*10]

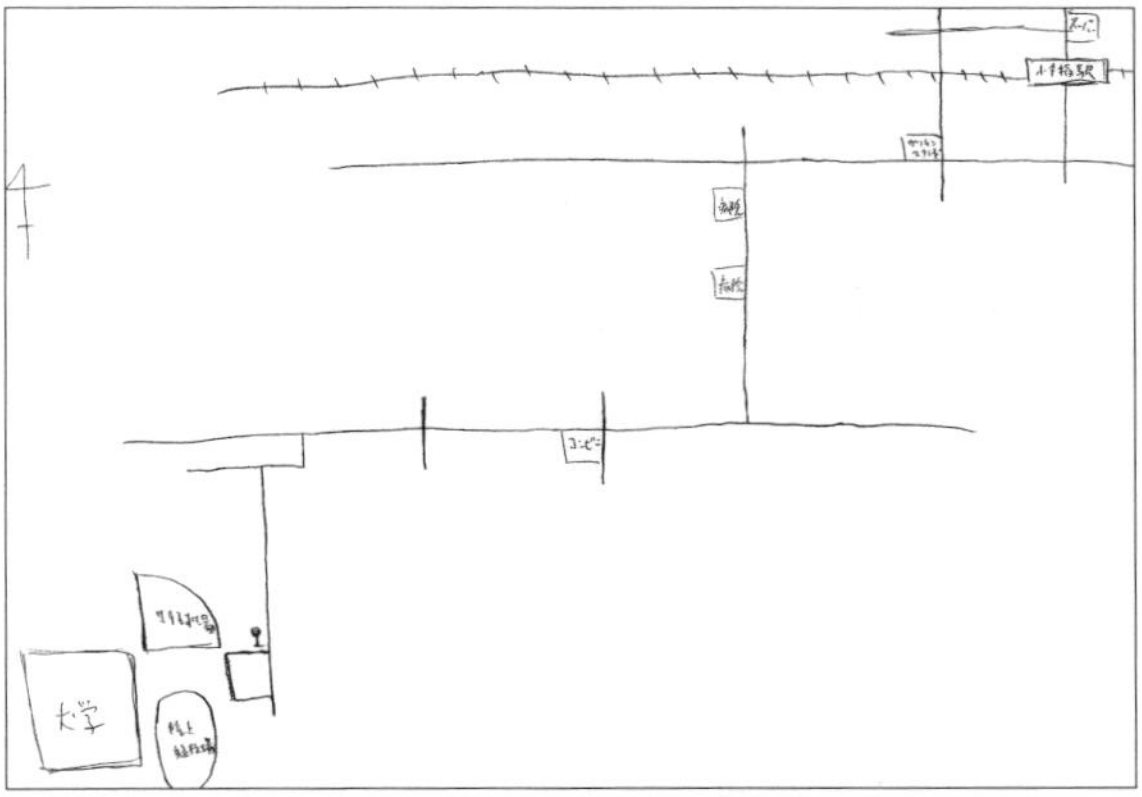

（a）電車とバスを乗り継いで通学している学生が描いた地図

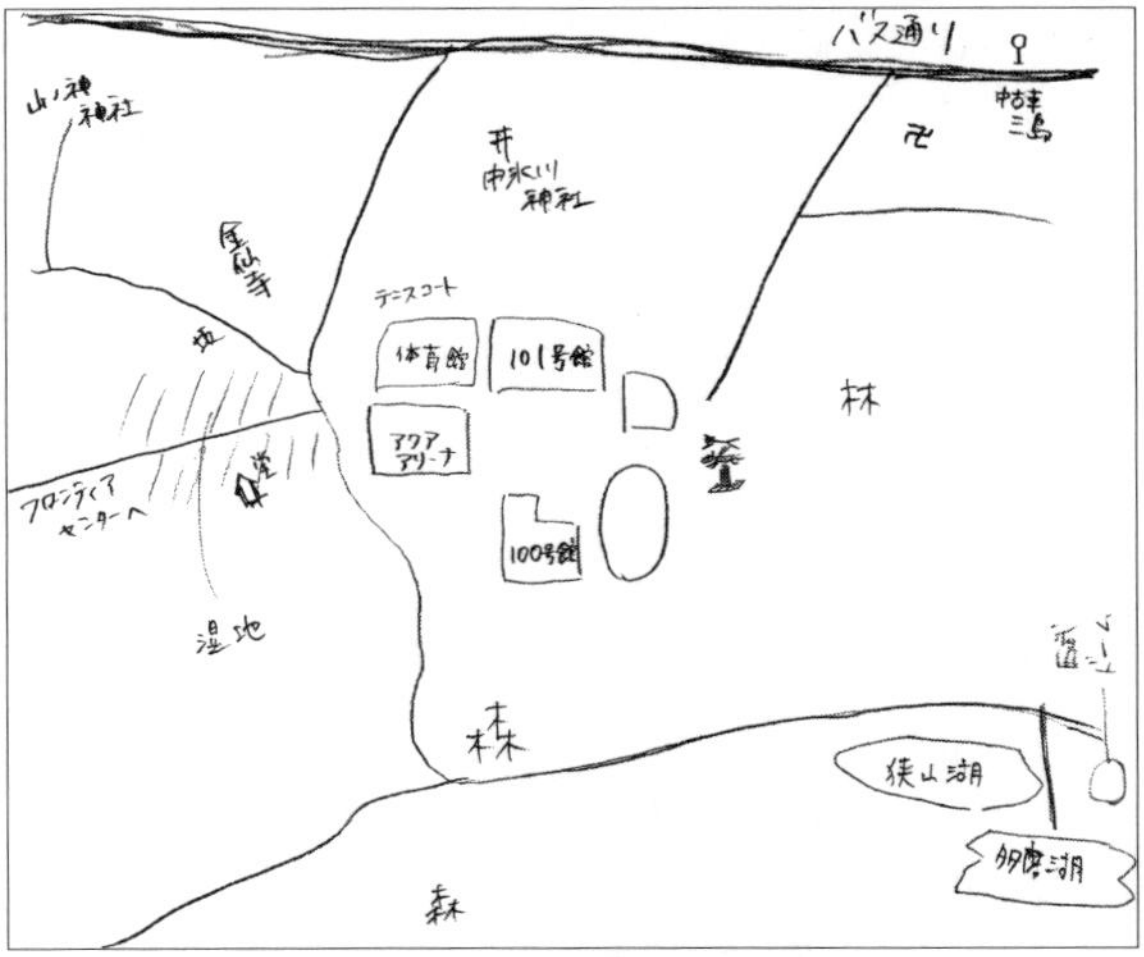

（b）地元出身の学生が描いた地図

図5-7　ある大学の学生が描いたキャンパス周辺の手描き地図

表5-3　児童の空間認知の発達段階

	空間認知の組織化	参照系	空間関係	メンタルマップの型
幼児期（0－2歳）	感覚運動的	自己中心的参照係	位相空間	前表象的
未就学期（2－7歳）	前操作的	固定的参照系	射影空間	ルートマップ型
児童期（7－12歳）	具体的操作	固定的／抽象的参照系	ユークリッド空間	サーベイマップ型
青年期（12歳－）	形式的操作	抽象的参照系	ユークリッド空間	サーベイマップ型

出典：Hart＆Moore（1973）に基づき作成

こうした発達系列の根拠の一つとなっているのは、発達心理学者ピアジェの発達段階説で、それに依拠したハートとムーアは、次のような段階を想定した[*11]（表5－3）。

まず、知能の発達では感覚運動的時期にあたる幼児期（誕生〜2歳頃）には、前後―左右といった自分の身体を基準にした位置の把握（自己中心的参照系）と直感的な活動が優先される。そのため、視点による見え方の違いが理解できず、対象の永続性を理解することはできても、その幾何学的な空間関係は把握されない。

次のステージは、前操作的時期と呼ばれる未就学期（2歳〜7歳頃）である。この段階では、様々な視点からの見え方の違いがわかるようになるため、小学校1年生頃には上空から撮影した航空写真が何を表すかが理解できる。また、離れた場所にある目印を手がかりにして空間的位置関係を知るための固定的参照系と呼ばれる位置の把握の方法が利用可能になる。その結果、ルートマップ型の認知地図が形成でき、その幾何学的性質は位相空間から射影空間へと移行する。

具体的操作の時期と呼ばれる児童期（7歳～12歳頃）には、サーベイマップ型の認知地図が形成され、その幾何学的性質も特定の視点からの眺めに似た射影空間から、ユークリッド空間へと移行する。最後に、形式的操作の時期にあたる青年期（12歳頃～）では、対象に隠れた座標系を割り当てて位置関係を捉えるための抽象的参照系が理解できるようになる。これは、緯度・経度といった地図を用いた空間把握に不可欠な能力であり、これによって空間を頭の中で形式化して思考することが可能になる。

7　広がる認知地図

以上のように、認知地図の性質は時間の経過とともに変化するものである。それと同時に、認知地図がカバーする空間の範囲も次第に拡大していく。地理学者ゴレッジが考えたアンカーポイント理論[*12]は、認知地図の発達と拡大のプロセスを理解する枠組みとして、これまで広く支持されている。この説によると、人が未知の環境を新たに学習する際、まず生活に必須な自宅・仕事先・買物先が第1次のノード（結節点）となった後、生活のための重要度に応じて、第2次・第3次のノードとパス（経路）が分岐する。その後、生活経験が豊富になるにつれて、主要なノードとパスの周囲にまで認識が拡大すると、位置関係を面的に理解できるようになる。こうして、重要なランドマーク、ノード、面域が空間の部分領域に錨《いかり》（アンカー）を下ろすように固定され、それを中心に階層的に組織されると考えるのである（図5－8）。

最近では、空間認知が必ずしもこのような単線的な発達段階を経るわけではなく、ルートマップとサーベイマップが平行して発達し、必要に応じて使い分けられているという見方が支配的になりつつある。[*13] たとえば、手描き地図のスタイルと正確さを区別して測ると、サーベイマップが常にルートマップよりも正確さで勝るわけではないともいえる。[*14] また、空間学習の初期段階からサーベイマップが形成され、空間的知識は質的に変わるのではなく、情報量が増え

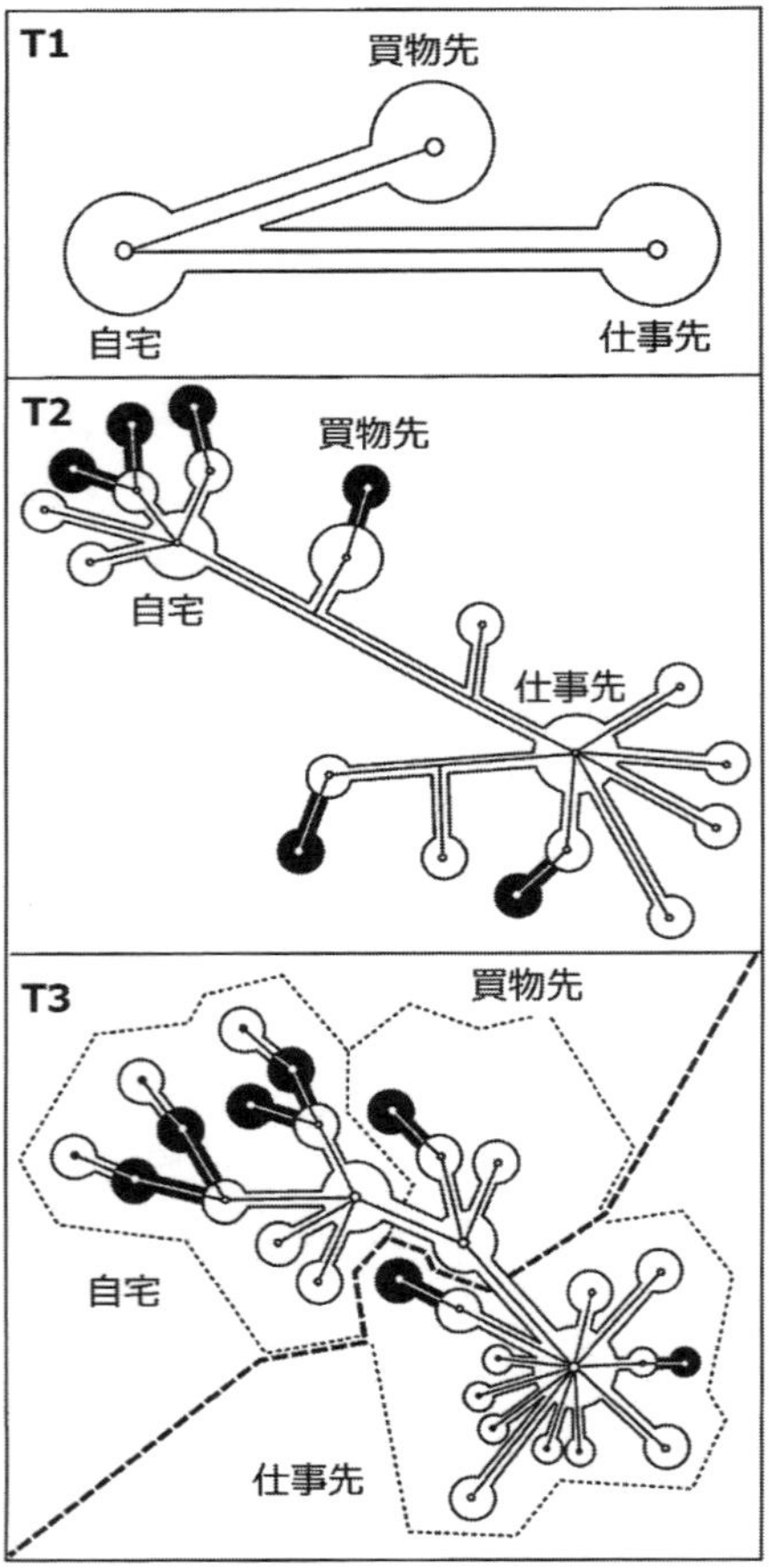

図5-8　ゴレッジのアンカーポイント理論の概念図。
T１～T３は時間の経過を表す
出典：Golledge（1999：18）をもとに作成

るだけだと主張する研究者もある。[*15]

こうした研究結果をふまえると、認知地図の発達過程でみられる変化が段階的で不連続なものであるとは必ずしもいえない。むしろ、同じ被験者が対象となる空間によって描画スタイルを使い分けていると指摘した研究[*16]もある。図5-7に示した2人の大学生の手描き地図の相違は、好みの描画スタイルの違いとして理解すべきかもしれない。このような知見は、ルートマップからサーベイマップへの移行が順番に起きるというより、両者が共存することを示唆している。また、ここで紹介した発達モデルは、おもに幼児期から児童期にかけての個体発生(ontogenesis)、比較的短期間の微視発生（microgenesis）という、異なる時間スケールを扱っていることにも注意が必要である。[*17]

表5-3に示した、ピアジェの発達段階説に基づくハートとムーアのモデルは、個体発生に関するもので、これを微視発生にまで拡張したのがゴレッジのアンカーポイント理論である。その場合、微視発生は個体発生を繰り返すということが暗黙の前提となっているが、この点については反論も少なくない。また、それらが依拠しているピアジェの発達モデル自体に対する見直しも、最近の発達研究では活発になってきている。

ところで、ルートマップからサーベイマップへの移行を促す方法はあるだろうか。一つの方法は、ルートマップ上の位置関係を地図で確かめることである。つまり、地図を持って移動することで、ルート沿いだけでなく、その外側の空間を含む広範囲の知識を得ることができる。

地図が使えない場面では、できるだけ異なるルートを移動してネットワーク状の空間的知識を蓄積することである。

ある地理学者によると、フィールドワークで土地勘を高めるには、行きと帰りで同じルートを通らずに、できるだけ一筆書きの道順をたどることだという。つまり、ルートの断片をつなぎ合わせて知識をネットワーク状にし、移動しながら出発点に戻るという閉じた回路を形成するような経験が、サーベイマップへの移行を促進すると考えられる。それはまた、道に迷ったときや通行止めに出くわして迂回路を探すようなときに役立つだけでなく、新しいルートをたどることで新たな発見に遭遇するといったまち歩きの楽しみにもつながるはずである。

［注］

*1　Tolman（1948）

*2　日経サイエンス（２０１６年６月号）「脳内ＧＰＳ」特集記事参照。

*3　中山（1991）

*4　Saarinen（1988）

*5　Saarinen et al.（1996）

*6　西岡（2007）

*7　Tversky（1981）、若林（1999）

*8　Stevens and Coupe（1978）

*9　Hart and Moore（1973）

*10　Siegel and White（1975）

*11　Hart and Moore（1973）

*12　Golledge（1978）

*13　空間認知の発達研究会編（1995：245）

*14　Hart and Berzok（1982）

*15　Montello（1998）

*16　Spencer and Weetman（1981）

*17　若林（1999：103–124）

第6章　空間的思考と地図

1　地図と空間スケール

1968年に米国で制作された科学教育のための映画で「パワーズ・オブ・テン（Powers of Ten）」という作品がある。[*1] 直訳すると、「10のべき乗」という意味になるが、極大の宇宙から極小の素粒子まで、スケールを10の25乗メートル（約10億光年）から10分の1ずつ変えて自然界のようすを映像で表した動画である。太陽系は10の14乗メートル、衛星画像で都市が見えるのは10の5乗から、10のマイナス5乗では細胞が見え始め、マイナス8乗でＤＮＡが見えてくる。これによって、スケールが1桁違うと見えてくる現象が質的に変わるようすが、見事に伝わってくる。

この作品が制作された当時は、コンピュータグラフィックスは未発達だったため、実写を巧みに組み合わせた作者の苦労が忍ばれるが、いまならグーグルアースを使って、これと同様の映像を再現するのは難しくない。図6－1は、東京駅から始まって、縮尺を1桁ずつ変えながら地球全体までを示したグーグルアースの画像であるが、スケールが違うと画面がカバーする空間の範囲と読み取れる情報が格段に違ってくることがわかるだろう。

このように、ひとくちに空間といっても、宇宙空間、地球表面、国土、都道府県、都市、街区、室内など、様々なスケール（規模）のものがある。こうしたスケールの違いによって、空間のありさまを知る手段も違ってくるが、そのための情報源を大きく分けると、人間が空間内を移動することによる「直接情報源」と、地図などの情報媒体を通した「間接情報源」がある。

このうち、これまでの空間認知研究の多くは、トールマン[*2]によるラットの迷路実験以来、直接情報源としての空間移動に主たる関心を向けてきたといえる。なぜならラットのような動物には人間が作った地図を読むことができないからである。[*3] つまり、地図のような間接情報源は他の動物にはない人間独自のものであり、それが人間の空間認知に与える影響もきわめて大きいと考えられる。

空間認知との関係でスケールの問題を考えるにあたって、モンテロ[*4]の分類は参考になる。この分類では、空間を把握する際の①（顕微鏡や地図などの）技術的補助の必要性、②身体移動の必要性、③（絶対的）規模の大小、という三つの基準をもとに次のような五つのスケールを区分している（表6－1）。

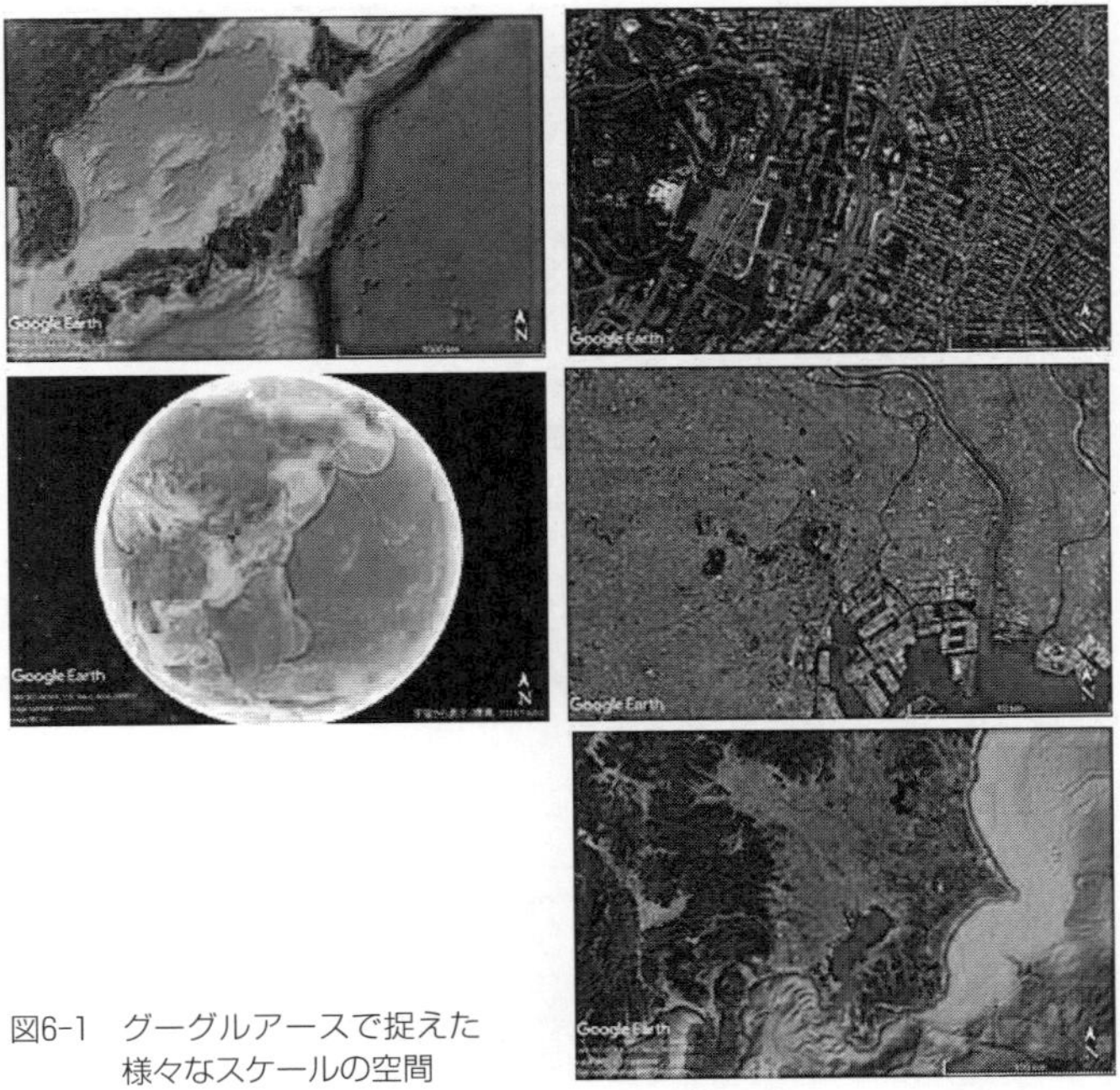

図6-1　グーグルアースで捉えた
様々なスケールの空間

表6-1　スケールに基づく空間類型

空間類型	分類基準			事例
	空間把握のために技術的補助が必要	空間把握のために身体移動が必要	規模の大小	
微小空間	○	×	微小	微生物・分子・原子
図形空間	×	×	身体より小	卓上模型
眺望空間	×	×	身体より大	部屋・家屋
環境空間	×	○	身体より大	近隣地区・都市
巨大空間	○	×	巨大	国・世界・宇宙

出典：Montello（1999）の記述に基づき、筆者が作成

「微小空間」　顕微鏡などの装置を使わない限り肉眼では観察できない

「図形空間」　身体より小さく移動せずとも知覚によって捉《とら》えられ、絵や小さな物体のような2次元・3次元の対象物が含まれる

「眺望空間」　部屋、街の広場、小さな谷などのように、身体よりも大きいが移動しなくても視覚的に把握できる

「環境空間」　身体より大きく、移動しなければ把握できない範囲で、林立するビル、近隣地区、都市などが含まれる

「巨大空間」　移動によっても全体を把握できず、地図や模型でしか捉えきれない

この中で地理学が対象とする地理空間は、人間が感覚器官を使ってじかに経験できる、「眺望空間」から「巨大空間」の間に含まれるが、その範囲では、空間の規模が大きければ大きいほど、情報源として地図が果たす役割も大き

くなると予想される。なぜなら、規模の大きな空間は、通常は一目で見渡すことができないため、そのようすを知るには、見晴らしのよい高い場所から眺めるか、地図の助けを借りることになるからだ。その点では、地理空間の認知にとって地図は重要な情報源といえる。

ここで、専門用語としての知覚（perception）と認知（cognition）の違いに触れておきたい。目の前（あるいは身体の周囲）にある対象の状態を知ることを知覚と呼ぶが、地理空間でいえば、高い場所から景色を眺める場合がこれにあたる。一方、対象が目の前に存在しないか、あるいは一目で見渡せない状況でそれを知ることを認知と呼ぶ。つまり空間認知とは、対象が目の前にない状態でそのようすを知る、あるいは過去に知覚した対象をもとに空間を再構成する行為といえる。

地図それ自体は知覚の対象にもなるが、それを通して肉眼では全貌が見渡せない地理空間を「認知」するためには、地図と現地との対応関係を理解する必要がある。つまり、地図上の記号や注記を「知覚」しただけでは地理空間を「認知」したことにはならず、地図を読み解くためには、それが表す地表面の成り立ちについて、目の前にないものも含めて想像できなければならない。その意味では、地図を読むことは単に空間を認知するだけでなく、空間的に思考する行為を含むことになる。

この章では、空間認知にとって重要な情報源になる地図の役割に焦点を当て、地図を通した空間認知の特徴を明らかにする。その上で、空間的課題解決のための地図の利用可能性に触れてみたい。

2 地図読解力の個人差

地図学では、地図作製者の意図が読み手にうまく伝わるような地図表現がおもな関心事であったといえる。その場合、不特定多数の読み手を想定して、読み手のスキルや性別といった個人差は不問とされることが多かった。また、地図を読み取って思考や推論を行うような複雑で高いレベルの認知過程に対する関心も乏しかった。

一方、心理学では地図を用いた知覚や認知に関する研究が行われてきた。そこでは、地図そのものの内容や表現への関心は低いものの、読み手の側の条件や詳細な認知過程が主たる関心事となっていた。最近の研究では、地図の読図や利用が地図自体の特徴よりも、読む側の状況に左右されるという見方が支配的になりつつある。[*5] つまり、同じ地図でも読み手のスキルや持っている知識によって、伝わる情報も異なる可能性が高い。

1枚の地図から誰もが同じ情報を読み取っているわけではないことは、地図の読図にみられる熟達者と初心者との比較を行った研究結果にも端的に現れている。たとえば、ある研究[*6]では、被験者は市街地の地図と広域の地方の地図を学習した後で、地図を描いたり地図上で経路を探すことを求められた。その結果を初心者と熟達者とで比較すると、二つのグループの差は、注意の向け方などに表れたものの、課題の成績自体にははっきりとした差はみられなかった。

この研究で地図の利用経験による違いが明瞭でなかった原因には、用いた地図が簡単だったことも考えられる。そこで、より専門的な技能を必要とする等高線入りの地形図を用いて追試した研究は、[*7]初心者と熟達者の間での明確な差を見いだしている。また、別の研究[*8]では、『ナショナル・ジオグラフィック』誌に掲載されたやや複雑な主題図を用いて、高校生と大学の地理学専攻生による読図過程を比較したところ、地図利用経験による明確な差が見いだされている。

この他にも、初心者と熟達者の間での地形図の読図の仕方を比べた研究は少なくない。たとえば、読図の際の眼球運動を調べて熟達者の方が地図の特定の領域をじっと見る時間が短いこと、[*9]オリエンテーリングの熟達者と初心者の間では地図に基づく推理の仕方に違いがあること、[*10]熟達者が地図に描かれていない事実を文脈や知識に基づいて推理できること、[*11]地形図から景色を想像する課題で地図利用経験が影響することなど[*12]が明らかになっている。

このように、地図を利用するスキルの差によって読図の仕方に違いがあることは明らかである。しかし、前述のように、地図の種類によってもその現れ方は異なるため、ナビゲーション、測定、視覚化といった地図の用途による違いを考慮しながら、その影響を吟味する必要がある。[*13]

3　地図から得られる空間的知識

では、地図から得られる空間的知識には、他の情報源からの知識と比べてどのような違いが

表6-2　地図と移動行動から獲得した空間的知識の性質

	移動行動から得た知識	地図から得た知識
認知地図のスタイル	ルートマップ的	サーベイマップ的
正確さ（現実との乖離《かいり》）	大	小
個人差	大	小
参照枠	自己中心的	対象中心的
視点	複数（対象空間内部）	単一（対象空間外部）
向きの固定性	なし	あり

出典：Golledge and Stimson（1997）、Ktichin and Blades（2002）などをもとに筆者が作成

みられるのだろうか。

地図を通して取得した空間的知識の特性は、おもに移動行動から得た知識との比較を通して検討されてきた。それらの研究から、地図から得た空間的知識の特徴は、表6－2のように整理できる。[*14]ここでは、

（1）認知地図のスタイル
（2）正確さと個人差
（3）空間を捉える視点・参照枠・向き

の三つの側面に分けて、それぞれの特性を述べてみたい。

（1）認知地図のスタイル

空間的知識にはいくつかの異なるタイプがあり、ランドマークの知識、ルートの知識、配置の知識に大別される[*15]（図6－2）。ランドマークの知識は、対象物や場所が何であるかを表す「宣言的知識」の一種で、空間学習の初期に獲得されると考えられる。ランドマークの系列が理解されると、次にルートの知識が形成される。これは問題解決のためのノウハウを含む「手続的知識」の

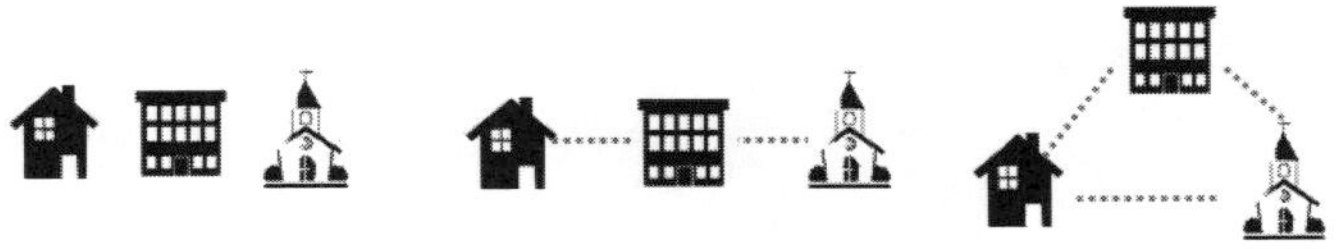

図6-2　空間的知識のタイプ

一種で、経路探索やルート学習に不可欠のものであるが、通常は意識されることはない。配置の知識は、対象物や場所の空間的関係についての情報からなる。これは、直接移動できない地点間の関係を含んでおり、近道を探したりランドマークを指示したりするのに利用される。

一般に、移動行動で得られる地理空間情報からはルートの知識が作られ、それをもとに形成される認知地図はルートマップ型になる。これに対し、地図から得た情報は配置の知識になり、サーベイマップ型の認知地図を形成する。ただし、ルートマップ型の地図を学習した場合には、ルートの知識が獲得されることもある。[16] そのため、形成される空間的知識は、学習に使用する地図の内容や表現によって影響を受けると考えられる。

(2) 正確さと個人差

地図と移動行動から得た空間的知識の間には、このようなスタイルの違いがみられ、一般的には移動行動から形成される認知地図の方が、個人差も現実の地図との違いも大きくなる傾向がある。[17] つまり、地図を用いた空間学習の方が移動行動による場合に比べて、サーベイマップに近い認知地図を形成しやすく、また空間的知識を他者と共有するのにも地図は有効であるといえる。

このことの裏付けの一つとして、サーリネンらの研究[*18]がある。この研究では、大学生に書いてもらった手描きの世界地図を集めて分析した結果、回答者が用いた情報媒体と手描き地図の正確さに関連性がみられた。地図から情報を得た者ほど正確な地図が描けることが明らかになったのである。

(3) 空間を捉える視点・参照系・向き

移動行動から得られる空間的知識は、対象となる空間を地上の視点から捉えた自己中心的な空間を捉える枠組み(参照系)に基礎を置いている。これに対して、地図を通して獲得した空間的知識は、対象の外部にある単一の視点からみた対象中心の参照系に基づくと考えられる。そのため、地図を通して形成される認知地図は、読図の際の地図の向きに影響を受けて、向きが固定されたものになることが予想される。このとき、学習時の地図の向きと、地図利用者が身を置く現実の環境に対する身体の向きとが一致しないと、地図と現在地を対比するのが難しくなる。

こうした現象は、一般に「整列効果 (alignment effect)」と呼ばれている。たとえば、建物内の避難経路図や街角の案内図を見たとき、身体の向きと地図の向きが違っていると読み取りにくいと感じるのは、整列効果がはたらくからである[*19]。そうした現象は、移動行動によって形成される空間的知識ではみられないものである。[20] このことから、地図の読図から形成される認知地図は方向が固定されているのに対し、移動行動による認知地図は自由に方向を変えることができる（写真６－１）。

ただし、地図の向きを変えながら学習した場合は、方向によるバイアスは生じないことがある。[21] そのため、認知地図の向きが固定されているかどうかは、必ずしも地図か移動行動かという情報源によるのではなく、空間を学習する際の状況に左右されると考えるべきだろう。

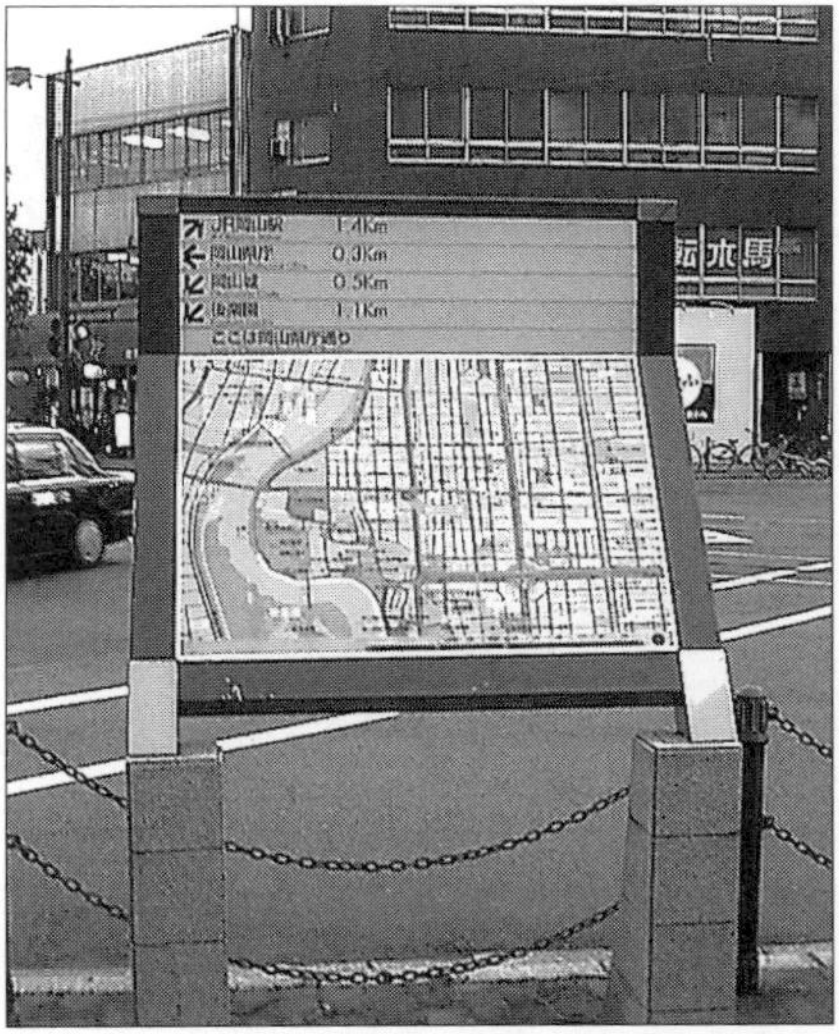

写真6-1　整列効果をもたらす地図の例。交差点に向かって斜めに設置されているのに地図は格子状道路に沿っているため読み手の向きに合わない（筆者撮影）

地図を通した空間認知にみられるこうした性質は、同じ内容や表現の地図であっても、使用される状況によっては伝達される情報の性質に違いが生じることを表している。たとえば、地図の向きを身体の向きに一致させる「整置」が効果的かどうかは、使用される場面によっても違ってくる。つまり、整置が有効なのは、

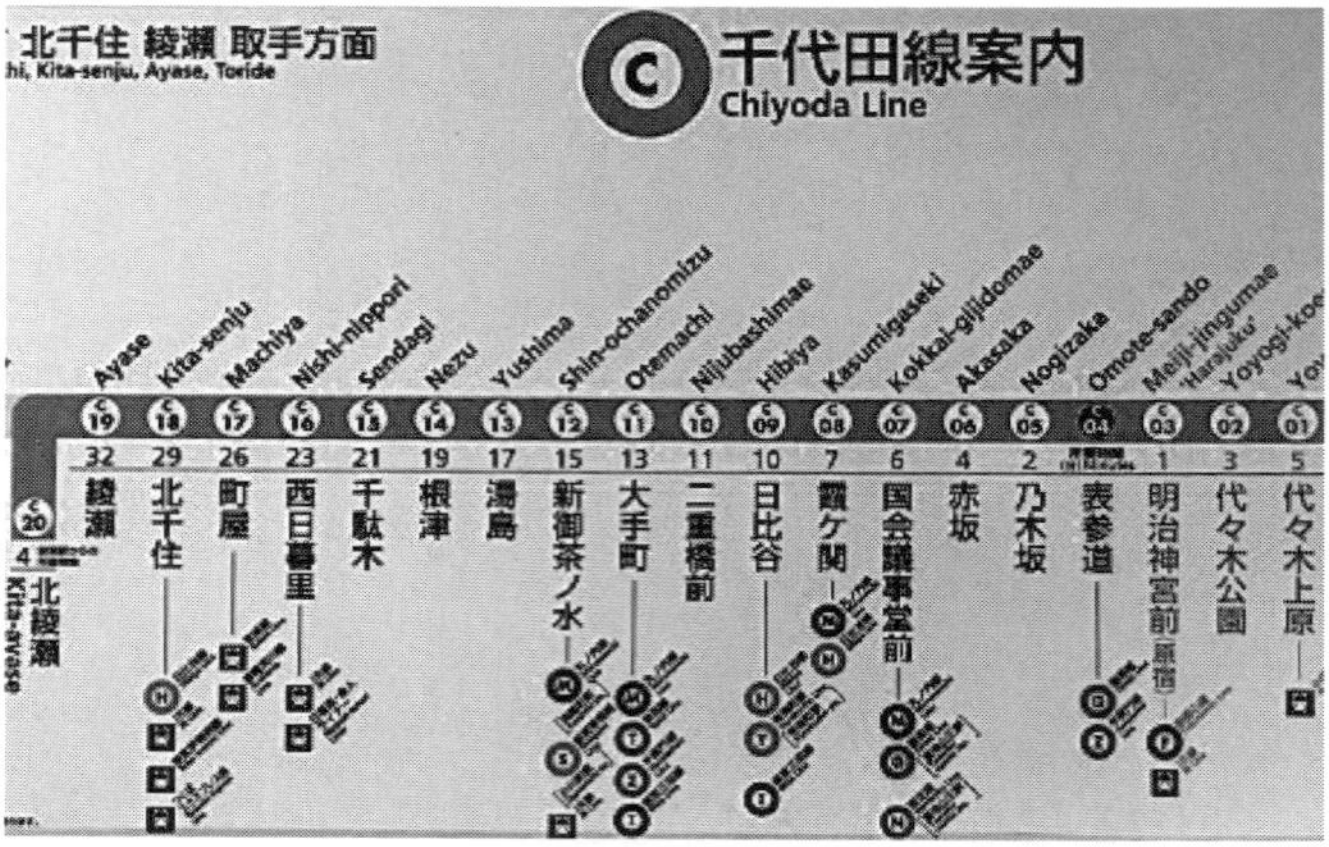

写真6-2　整置したことでかえって混乱をもたらす恐れのある地図：路線図の向きは上が南。裏面にはこれと逆に上が北向きの路線図がある（筆者撮影）

歩きながら地図を見て針路を判断するような状況即応的な課題を解決する場合であって、都市全体といった広い空間を対象にして行き先を選ぶような場面では効果的でない[22]。

これは、地図が描く空間の規模にも関係する。たとえば、電車内で車両の進行方向に合わせて駅名を並べて整置した路線図は、読み手に混乱をもたらすことはないだろう。しかし、ホームに設置された鉄道路線図で、描かれた範囲が広い場合、見る人の向きに合わせて整置すると、かえって混乱することがある（写真6－2）。これは、地図に描かれた範囲が広域になるほど上が北の地図を見慣れているため、それ以外の向きを上にされると理解しにくいからだと考えられる。

日本では、街中《まちなか》の案内図は見る人の向きに合わせて整置されていることが多いが、海外では必ずしもそうではない。しかし、先ほどの例からわかるように、常に整置すべきかというとそうともいえない。このため、案内地図の向きについては状況に応じて使い分ける必要がある。その点で参考になるのが、案内表示や案内地図などの公共サインのデザインに対する指針を示した大田区の基本計画[*23]である。この計画では、おおむね２万分の１より大縮尺の近隣地区を表す地図では整置を基本とするが、それより小縮尺の地図では北を上にした地図を推奨するといった、縮尺に応じて異なる指針が示されている。

4　空間認知から空間的思考へ

地図やＧＩＳと空間的思考との関係に関心が高まったのは、初等・中等教育で空間的思考を指導する際にＧＩＳが有効であることを説いた、アメリカ学術会議（ＮＲＣ）のレポート『空間的思考を学ぶ』[*24]の出版がきっかけである。空間的思考の定義についてははっきりしたコンセンサスは得られていないが、このレポートでは「空間的概念に基づいて、空間的表現ツールを駆使しながら行われる空間的推論の過程」とされている。

空間的思考に関連する用語として、「空間的リテラシー」、「空間的能力」、「グラフィカシー(graphicacy)」なども用いられてきた。これらの用語間の関係を図で示したのが図６－３である。空間的リテラシーとは、読み書き算盤《そろばん》に次ぐ四つめのリテラシーとして提示されたもので、空間的思考を適切なやり方で行うための能力や態度を指す上位概念である。その一部はグラフィカシーと呼ばれ、地図やグラフを理解して利用する能力を指す。一方、空間的能力とは、

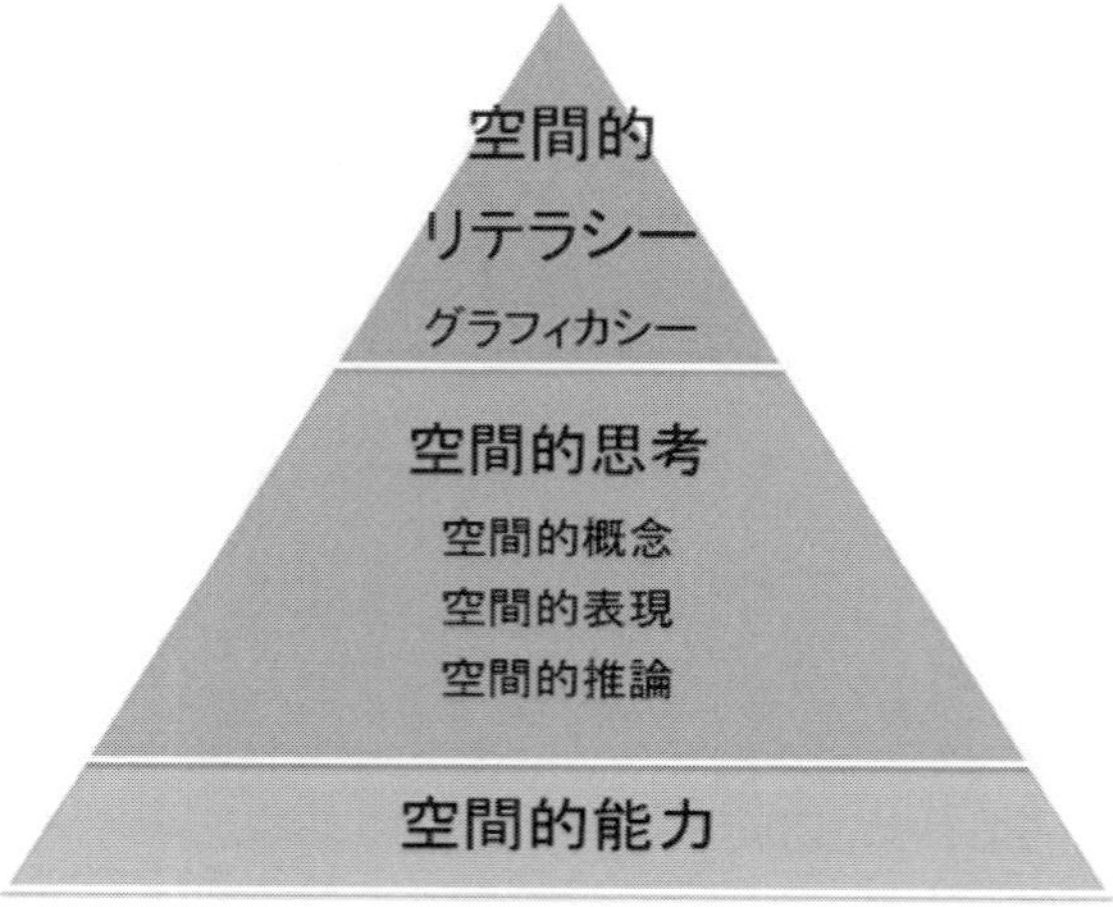

図6-3　空間的思考に関連する用語の関係
出典：若林（2015）

空間的思考の基礎となる認知的スキルで、空間的視覚化、空間的定位、空間的関係把握の3要素で構成される（図4－2参照）。

このように、空間的思考には様々な要素が含まれるが、大きく分けると「空間的概念」、「空間的表現」、「空間的推論」の三つから構成されると考えられる。

空間的概念は、空間を対象化して理解するための空間的思考の基礎をなすものの捉え方である。つまり、空間データを統合し、関連付け、構造化する概念や分析の枠組みである。空間を構成する幾何学的性質には、距離・座標・次元など様々なものがあるが、それに応じて異なる空間的概念が段階的に形成される。たとえば地図を使えるようになるには、少なくともユークリッド空間の概念を理解する必要がある。

次に空間的表現とは、情報を貯蔵し、分析して、理解し、伝達するために、情報を空間的に構造化して内的・外的に表現したものである。内的な空間的表現は、対象についての空間的イメージを心の中で作り上げ、操作することを指す。このためには、空間的情報を視覚化して、空間の中のどこにあるか、空間的にどのような関係にあるかを理解する能力が必要になる（第4章の図4－2参照）。これに対して、外的な空間的表現とは、地図、写真、グラフなどを使って情報を空間的に構造化し、理解し、伝達することである。したがって、地図を作ったり絵で表す視覚化の技法は、空間的思考の有効なツールになる。最近では、ビジネス分野でも「見える化」が注目を集めており、非空間的対象を空間的に表現する能力は、どの分野にも通用するジェネリックスキル（汎用的技能）の一つともいえる。

空間的推論は、すでに持っている情報から未知の事柄を推し量ることによる問題解決や意思決定のための高次の認知過程で、構造化された情報を操作し、解釈し、説明する方法を編み出す。たとえば、等高線から実際の地形面の特徴を推定したり、通行止めの区間に行き当たって迂回路を探したりする場面では、空間的推論が用いられる。

こうした空間的思考は、日常生活、仕事場、研究活動など様々な場面で利用される。日常生活では、荷物のパッキング、部屋の家具の配置換え、外来者への道案内などの場面で、無意識に空間的思考が使われている。仕事場では、タクシー運転手の乗務や建造物の設計など、地図や図面を使う専門的業務において、とくに空間的思考が重要になる。科学的研究では、たとえばワトソンとクリックによるＤＮＡの二重らせん構造の発見は、彼らが２次元のＸ線結晶解析画像から３次元構造を推理したことによるといわれている。また、第２章でも紹介したジョン・スノーのコレラ地図（図２－５参照）は、空間的思考が社会的問題解決に応用された例として広く知られている。

5　地図で鍛える空間的能力

前述のアメリカ学術会議のレポートが出版された背景の一つには、ＩＣＴの普及などに伴って今後需要が増えると予想される理数系分野（STEM discipline）での人材育成が求められている状況がある。つまり、理数系分野では空間的思考力を必要とする場面が多く、その養成にとって地図やＧＩＳを教材に用いた教育・訓練が効果的であることを主張することが、このレポートのおもな目的だった。

実際、大学生を対象に空間的思考力テストを行い、ＧＩＳの授業を履修する前後で成績を比較すると、履修後の方が高まったという報告[*25]もある。これは、地図やＧＩＳの利用に必要な基礎的スキルに空間的思考の要素が組み込まれているためである。心理学では、地図の理解に必要な能力として、少なくとも三つの基礎的技能が必要になるとされている。[*26]

一つめは、記号性の理解である。たとえば、小学校の社会科で地図学習の際に最初に学ぶのは、地図記号とそれが表す地物《ちぶつ》との対応関係である。これは、写真とは違って、地図が現実世界の地物を取捨選択した上で記号化して表現しているためである。このように、現実を記号に置き換えることで、抽象的な操作もしやすくなるが、これは理数系のスキルに共通する特性でもある。

二つめは、視点変換能力である。地上からの眺めとは違って、地図の視点は真上にあり、現実には経験するのが難しいものである。そのため、様々な視点からの物体の見え方を想像する能力が求められるが、これは自然科学において肉眼では見えない分子・原子の配列や地層の3次元構造を理解するときにも必要となる。最近では、ドローン（無人飛行機）で撮影した映像を楽しむ人たちも増えているが、真上から見たオルソ空中写真と地上の景色をつなぐものとして、ドローンの映像が地図学習の新たなツールになるかもしれない。第5章で触れたように、ユークリッド空間の概念を理解してサーベイマップ的に空間を把握するのには視点変換能力が必要であり、この能力は児童期から青年期に獲得されるといわれている。[*27] それ以降は地図利用経験によって、より高度な空間的能力が修得されると考えられる。

最後は、この章の冒頭でも述べた縮尺（スケール）の理解である。地図上の長さと現実の距離の関係を理解することで、地図が描く空間の規模を想像することができる。地球上で起きている自然現象の多くは、それぞれ空間スケールごとに異なる原因やメカニズムが作用しているが、そうした違いは地図の縮尺に対応した空間の規模を理解しなければ誤った解釈をもたらすことになる。たとえば、地震のように地球規模の地殻の動きを理解しないと説明できない災害もあれば、土砂災害や液状化のように局地的な地形の特徴や人工的な地形改変の履歴などで説明できる災害もある。

また、ある作用がマクロな空間からミクロな空間にも及び、空間スケールを超えて影響を及ぼすこともある。たとえば、人口増減という現象を国全体の広域で捉えると、諸外国に比べて国際人口移動が少ない日本では、出生率と死亡率のバランスが変化したために少子化と高齢化が進み、近年の人口減少がもたらされたと説明できる。これに対し、最近の郊外住宅地での人口減少や空き家問題という局地的な現象は、都心部の地価下落に伴う人口の都心回帰といったローカルな要因で基本的には説明できるが、それは都市圏全体での人口増減にも影響を受けるため、全国規模でのマクロな人口移動や産業立地の動向も考慮しなければならない。

このように、現実世界の現象を様々なスケールで考えるためには、適切な縮尺の地図を用いる必要がある。とくに、対象を異なる縮尺の地図で捉えることによって、特定のスケールだけでなくスケール間の関係にまで思いをめぐらす手がかりが得られる。こうしたマルチスケールに物事を捉える訓練は、柔軟で汎用性のある空間的思考力を高めることにつながるはずである。

［注］

*1 この映像は、今でも YouTube を使って見ることができる。また、書籍版の日本語訳（モリソンほか、1983）も出版されている。

*2 Tolman（1948）

*3 もちろん、動物が人間とは違った種類の地図を用いている可能性も否定できない。

*4 Montello（1999）

*5 Kulhavy and Stock（1996）

*6 Thorndyke and Stasz（1980）

*7 Gilhooley et al.（1988）

*8 Kulhavy et al.（1992）

*9 Chang et al.（1985）

*10 Crampton（1992）

*11 村越（1995）

*12 Montello et al.（1994）

*13 Blades and Spencer（1987：67）

*14 若林（1999）

*15 Golledge and Stimson（1997）

*16 MacEachren（1992）

*17 Evans and Pezdek（1980）, Thorndyke and Hayes-Roth（1982）, Lloyd（1989）

*18 Saarinen et al.（1988）

*19 Levine et al.（1982）

*20 Presson and Hazelrigg（1984）

*21 Lloyd and Cammack（1996）

*22 天ヶ瀬（2000）

*23 大田区（2010）

*24 NRC（2006）

*25 Lee and Bednarz（2009）

*26 村越（2013：98–99）

*27 Hart and Moore（1973）

第3部　地理空間情報と人間

第7章　デジタル化が変えた地図作り

1　地図作りの第2の黄金時代

20世紀の終盤から地図をデジタル化して地理空間情報として活用する動きが活発化している。デジタル化された地理空間情報を処理するためのコンピュータを使ったハードとソフトの仕組みはＧＩＳと呼ばれているが、この言葉を知らなくても、その恩恵を受ける場面が確実に増えている。

たとえば、ＧＩＳを応用したカーナビやスマートフォンのアプリを使って道順を検索したり、待ち合わせ場所をウェブ地図に表示して確かめたり、ソーシャルメディアを使ってスマートフォンで撮影した写真に位置情報を付けてウェブ上で仲間と共有したりといったことは日常的に行われている。つまり、携帯端末やパソコンなどの情報機器を操作してウェブを利用するスキルさえあれば、誰もが地理空間情報を利用したり作成したりできる時代が到来したのである。

このように地球上での位置を特定できる地理空間情報は、地図にして視覚的に表示するだけでなく、位置情報を持つデジタルデータとして、様々な用途に利用されている。最近の調査では、世の中に流通している情報の中で、地球上の位置を特定できる地理空間情報は6割程度を占めるという報告もある。[*1] しかし、そのうちビジュアルな地図として表現されるのはごく一部で、利用者には見えない形で処理されることが多い。つまり、デジタル化とGISの普及によって、かえって地図の存在は見えにくくなるという皮肉な状況が生まれているのである。

こうした動きを受けて、各種雑誌で地図に関する記事を見かけることも最近では珍しくなくなった。2012年には、あるビジネス雑誌で地図ビジネスに関する特集が組まれ、「10兆円市場」という見出しを使って、有望なビジネス分野としての地図作りの裾野の広がりが紹介されている。[*2] ところが、10兆円の内訳をみると、7・7兆円は位置情報を利用した各種アプリ開発やサービス提供を行うソリューション分野（いわゆる位置情報サービス）が占めている。こうした事態は、ひとえにデジタル化によってもたらされたものである。

ウェブ技術を駆使することで地図の歴史を塗り替えた立役者として、おそらくグーグルマップ／アースを挙げることに異議を差し挟む人はいないだろう。グーグル社の副社長ブライアン・マクレンドンの談話として新聞に掲載された記事のタイトルは「地図作りの2度目の黄金時代」であった。[*3] つまり、大航海時代の地理的発見によって、ヨーロッパでは地図に描かれる領域が大幅に拡大し、地図作りの第1の黄金時代が到来したわけだが、20世紀末のデジタル化を契機とした現代の地図作りは、それに匹敵する第2の黄金時代を迎えたというのである。

この記事では、続けて現代の地図の特徴が次のように述べられている。

インターネットは、一般の人々が果敢な冒険家やプロの地理学者と共に仕事をすることを可能にしたのだ。市民地図製作者たちはグーグルマップメーカーなどのオンラインツールを使って、世界のデジタル地図作りに挑む。人気のカフェや地域の散歩道をはじめとする人間的な要素を入れることで、他人には総合的かつ便利なツールとなり、自分たちにとっては自らのコミュニティーへの理解を深めることになる。……

これは、ウェブ地図の普及によって、不特定多数の人が地図作りに加わるのが容易になり、一般市民を巻き込んだ参加型地図作製の動きが盛んになったことを物語っている。その代表例が、後述するオープンストリートマップ（ＯＳＭ）である。これは、ビジネスモデルとしてのクラウドソーシングの地図版ともいえるが、記事にあるように、既成の地図にはない情報を一般市民が持ち寄ってウェブ地図上で共有することを可能にした。また、その他のデジタル地図の特徴として前述の記事が挙げているのは、

紙の地図は、新しい建物ができたり道路が変更されたりしても、更新は容易でない。デジタ

ル地図は一瞬にして変更可能で、人々に自分の地域について常に最新の情報を知らせることができる。デジタル地図は個人の関心やニーズに合わせることも可能だ。

という点である。これは、デジタル化によって使い手と地図との対話性が向上し、使い手が地図を更新したり必要な情報をカスタマイズできるようになったことを表している。これは、地図の作製者と利用者とのへだたりを縮めることにもつながり、地図作りがプロシューマ(生産消費者)化してきたことを示唆している。

しかし、グーグルはあくまで収益事業の一環として地図作りとウェブでの公開を行っているわけで、地図に付随した広告料などによって利益をあげている。また、グーグルマップの地図画像は著作権で保護されていて、一部の利用者からはアクセス数に応じて使用料を徴収する仕組みになっている。これに対して、OSMの活動はボランティアの地図作製者に支えられながら、自由に使える地図の提供を目的としてスタートしているという違いがある。この章では、こうしたデジタル化以降の地図作りの変化とその影響について述べてみたい。

2　地図のデジタル化とGISの登場

いうまでもなく、地図製作における前述のような変化は、地図のデジタル化がきっかけとなっているが、これはコンピュータの開発と普及に伴って段階的に進められてきた。その最初の試みは、米国が第2次大戦後に開発した北米防空システムであったといわれている。[*4] これは、北米上空を飛行する航空機の位置を地図とともに表示するもので、そこで使用される地図をコンピュータで扱うために、デジタルデータにする必要があったのである。

地図には、もともと軍事機密が含まれる場合が少なくなく、戦前の日本では、地形図は陸軍の陸地測量部が作製していた。いまでも、中国のように等高線や緯度・経度が入った大縮尺地図を民間に公開していない国もある。カーナビの位置情報の取得に使われているＧＰＳも、米国の軍事衛星の電波を使用していることから、地理空間情報の作成と利用は軍事と切り離せない面があることは確かである。つまり、地図のデジタル化は軍事技術の高度化とともに始まったともいえる。

デジタル地図は、当初は既存の紙地図をスキャンして画像ファイルを作成したり、デジタイザで地図上の地物《ちぶつ》の平面座標を取得することから始まった。そしていまでは、地理空間情報は紙地図を使わずに、衛星画像やセンサーによって直接的にデジタルデータとして取得されている。その結果、人間の手作業によらずに膨大な量の地理空間情報が自動的に得られるようになったのである。

そうした大量のデータを処理する仕組みとして、ＧＩＳが開発されてきた。当初のＧＩＳ開発は、北米を中心に進められ、土地資源管理や電気、ガス、水道などインフラの管理、都市計画など行政での利用から、マーケティングなどのビジネス業務に至るまで、実務を支援する

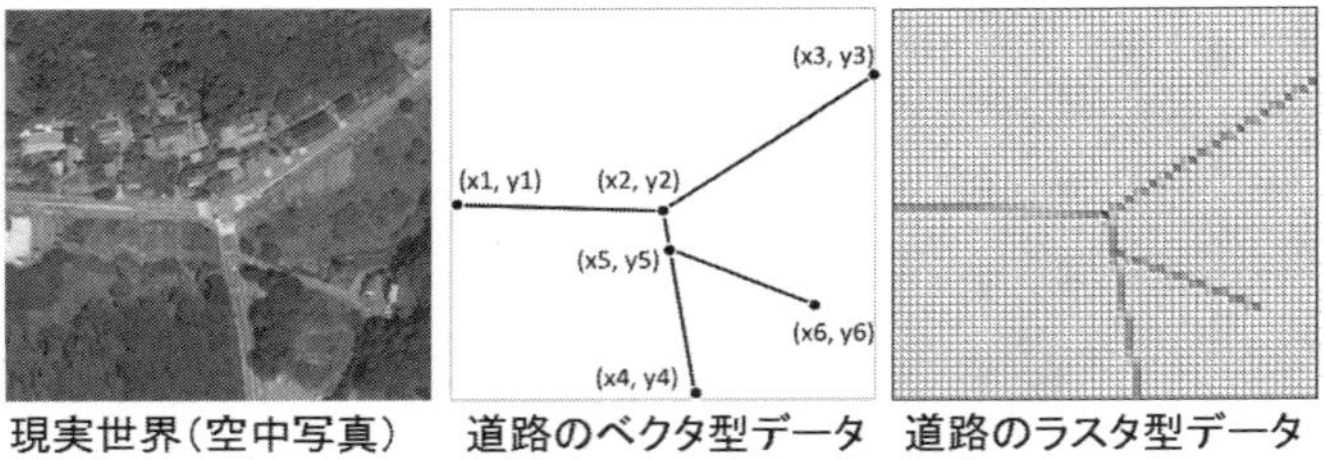

図7-1　ベクタ型データとラスタ型データ
出典：空中写真は国土地理院の地理院地図より取得

ツールとして幅広く利用されるようになった。[*5] 日本では、１９９５年の阪神淡路大震災を契機として、災害対応の分野でＧＩＳの利用が急速に進んだ。さらに、２００７年に成立した地理空間情報活用推進基本法によって、誰もがいつでもどこでも必要な地理空間情報を使ったり、高度な分析に基づく的確な情報を入手し行動できる社会の実現に向けた動きが加速した。

3　地理空間情報の構造

こうして地理空間情報の作成作業は衛星測位などで自動化が進み、様々なデータが提供されるようになった。しかし、基本的なデータ形式が大きく変化したわけではなく、それはベクタ型とラスタ型に大きく分けられる（図７―１）。

ベクタ型データは、地図上の地物を点、線、面（ポリゴン）といった幾何学図形に抽象化して記録する形式である。たとえば、駅は点、鉄道や河川は線、土地利用や行政界はポリゴンに置き換えてデータ化される。また各々のデータには、対象とする空間要素が何であるかを表す属性データを追加することができる。

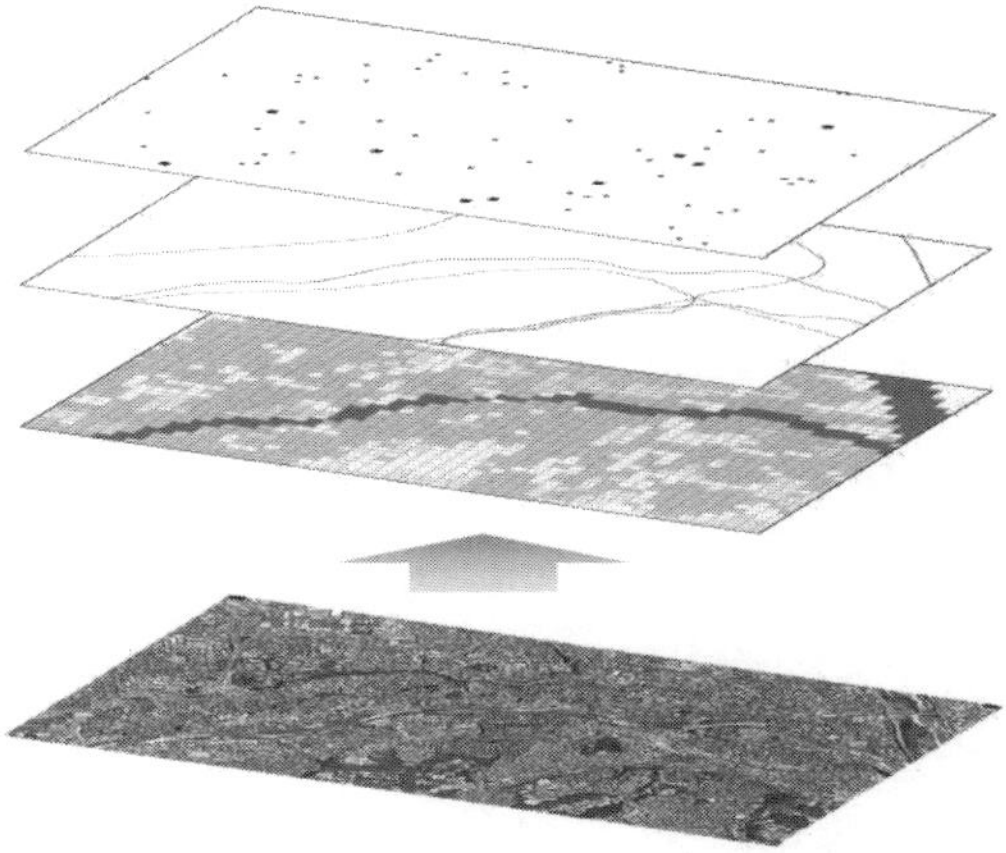

図7-2　GISのレイヤ構造

これに対してラスタ型データは、地理的位置に対応した行と列に沿って規則的に配置されたセル（格子）ごとにデータが与えられたもので、画像を点（ピクセル）の集合として表す形式である。これは、たとえば衛星画像や標高データの解析に使われている他、資料的価値のある古地図をデジタルアーカイブ化して保存するのにも利用されている。

じっさいには、ラスタ型データをベクタ型データに変換することも、またその逆も可能であるが、どちらの形式で保存するかで利用の仕方は大きく異なる。ラスタ型データと比べると、ベクタ型データは様々な加工が容易で、表現の自由度も高いという点で、地図の利用や表現の幅を大きく拡大したといえる。

デジタル化された地理空間情報は、それぞれ異なる種類の地物や地表の属性を表しており、それらを重ね合わせることで実空間の様子を再現できる（図7－2）。このような、地物や属性ごとの情報を記録したデータをレイヤ（layer）と呼ぶ。ＧＩＳは、様々なレイヤを重ね合わせることで、異なる地図を表示するだけでなく、レイヤ同士の空間的関係をもとに新たなデータを作成したりすることもできる。

4 GISにできること

ＧＩＳは、デジタル化された地理空間情報を処理するシステムであるが、地図作製はデータを視覚化する手段の一つにすぎない。地図作製以外にもＧＩＳは、検索、解析など様々な機能を持っている。

たとえば、災害時の避難場所を例にして、ＧＩＳが備えている空間解析機能を使った例を示したのが図7－3である。図7－3（a）の点が避難所に指定された施設で、それを取り囲む境界線は、避難所どうしを結ぶ線分の垂直二等分線をつないだ図形を表し、幾何学的にはボロノイ図（またはティーセン多角形）と呼ばれている。ボロノイ図では、おのおのの多角形の内側にある母点《ぼてん》（ここでは避難所）は、外側にあるどの母点よりも近いという性質があるため、任意の地点から最も近い避難先が簡単にわかる。

実際の避難にかかる時間を考慮すると、一般には５００ｍ以内に避難所があるのが望ましいとされている。図7－3（a）のグレーの範囲は、ＧＩＳのバッファ機能を用いて、各避難所

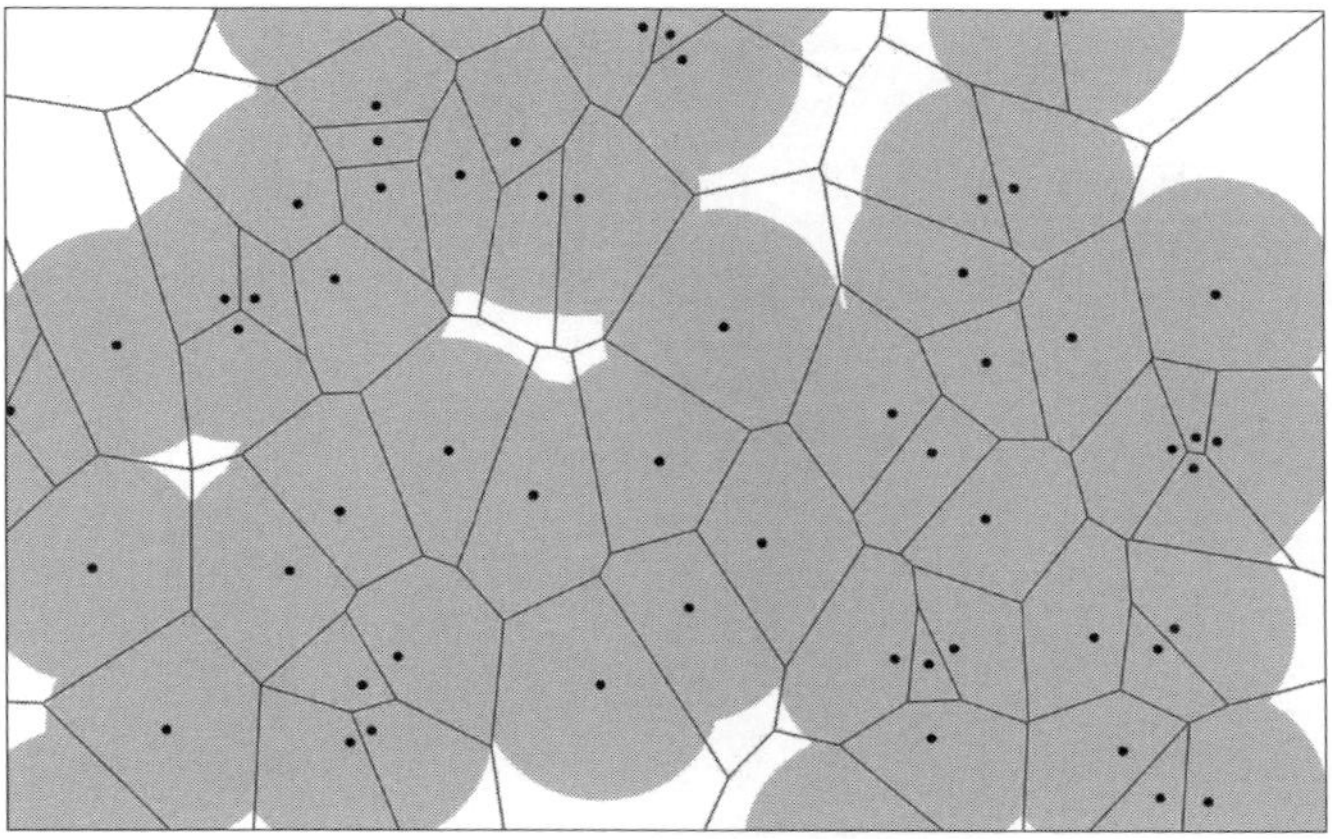

（a）最寄りの避難所と500m以内の範囲

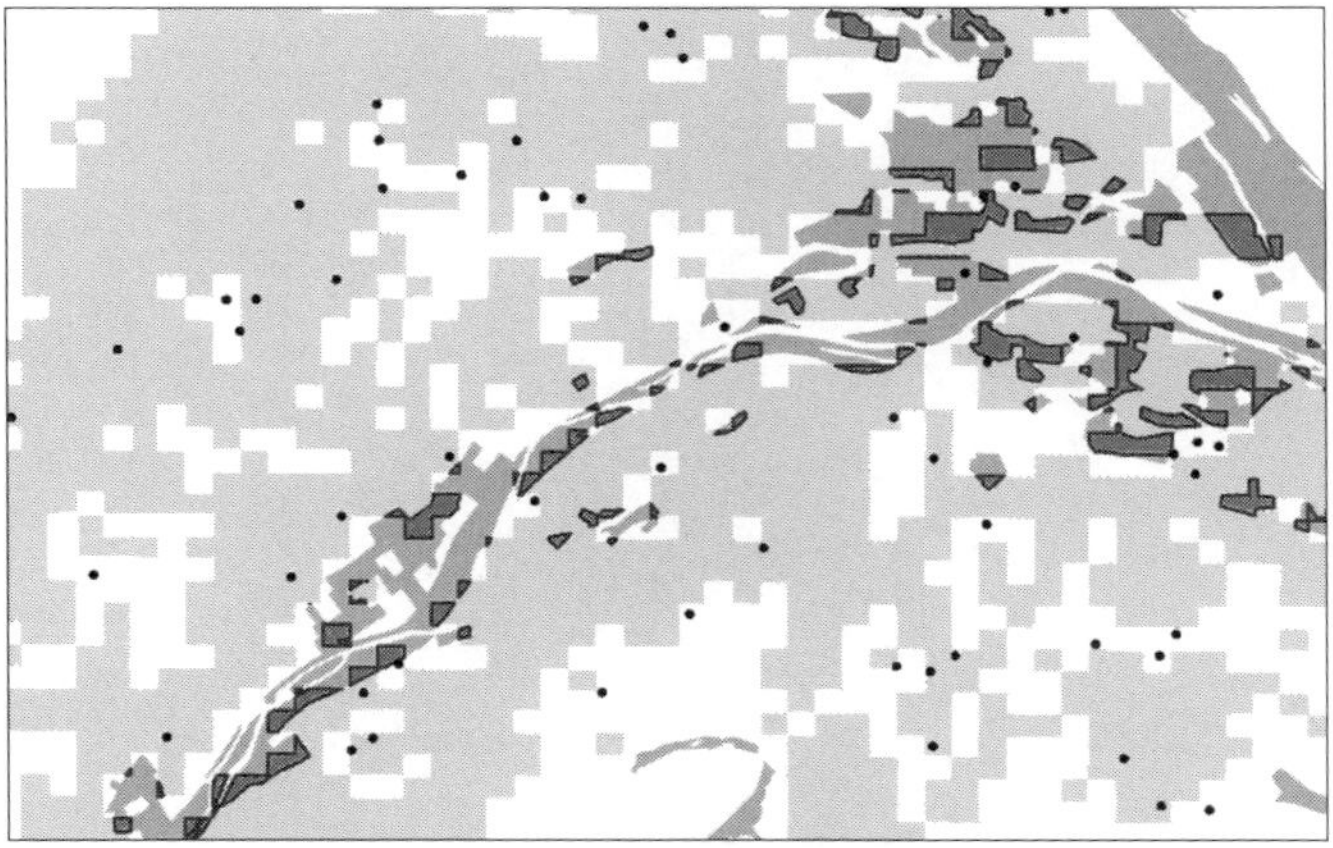

（b）浸水想定区域（濃いグレー）と建物用地（薄いグレー）が重なる部分（太実線で囲まれた範囲）の抽出

図7-3　GISの解析機能を用いた事例
出典：国土数値情報を用いて筆者が作成。点はいずれも避難所を表す

から直線距離500m以内の範囲を示したものである。図中の白地の範囲は、500m以内に避難所がない場所を表し、新たな避難所の設置や特別な避難計画を必要としていることがわかる。

GISでは、異なるレイヤの情報を組み合わせて、解析したり新しいデータを作り出したりすることもできる。たとえば、図7-3(b)は、濃いグレーで示した浸水想定区域と、薄いグレーの建物用地が重なる部分を太い実線で表しており、洪水の危険にさらされている市街地の範囲がわかる。また、避難所の中には浸水想定区域に含まれるところがあり、災害の種類によって避難所選びが違ってくることになる。

これはベクタ型データを用いた例であるが、ラスタ型データの場合も同様に、異なる属性を持つデータを組み合わせれば、属性値の演算によって新しいデータを作り出すことができる。たとえば、標高データから地形の傾斜を求めて、他のデータと組み合わせることで土砂災害危険度を表す別のデータを作り出すといった使い方がある。こうした複数のレイヤのオーバーレイ(重ね合わせ)や様々なデータを組み合わせた解析は、もとの地理空間データに隠れた新しい情報を引き出すことを可能にするのである。

5 みんなで作る地図

インターネットの普及は、地図の作製方法も大きく変えてきている。たとえば、ウェブを通じた地図の配信は、利用者が地理空間情報を提供して地図作製に参加することを可能にし、利用者の好みに合わせた地図をリクエストに応えて描くことができる。こうして、地理空間データの作成そのものへの利用者の参加が容易になり、地図を通したコミュニケーションが双方向化してきている。その結果、地図の作り手と使い手の境界が曖昧《あいまい》になるとともに、情報共有の手段としての地図の役割も高まっている。

　このように、利用者自身が地図作製に関わる参加型地図作りは、防災、まちづくり、福祉、環境保全など様々な分野に広がっている。[*6] 参加型地図の動きを後押ししたのは、専門家でなくても利用できる地理空間データやＧＩＳのフリーソフトが広まったことがあげられる。たとえばデータについては、総務省のｅ－Ｓｔａｔや国土交通省の国土数値情報のように、無償で誰もが利用できる公共機関からの地理空間データが飛躍的に増大した。こうした動きは、世界的なオープンデータの潮流が背景になっている。一方、民間セクターでもボランティアが自発的に集めた地理空間情報（ボランティア地理情報、またはＶＧＩ）を活用する動きが盛んになり、２００４年に英国で始まったＯＳＭの活動は日本にも２００８年に上陸した。

　一方、ＧＩＳソフトについては、ＱＧＩＳやＭＡＮＤＡＲＡなど、フリーのＧＩＳソフトが普及・改良されてきたことで、ＧＩＳ利用のハードルが低くなってきている。また、グーグルマップなどのウェブ地図には、様々なデータを追加して重ねて表示するレイヤ機能を備えたものも増え、簡易ＧＩＳとして利用することもできる。こうしたウェブ地図は、一般にジオウェ

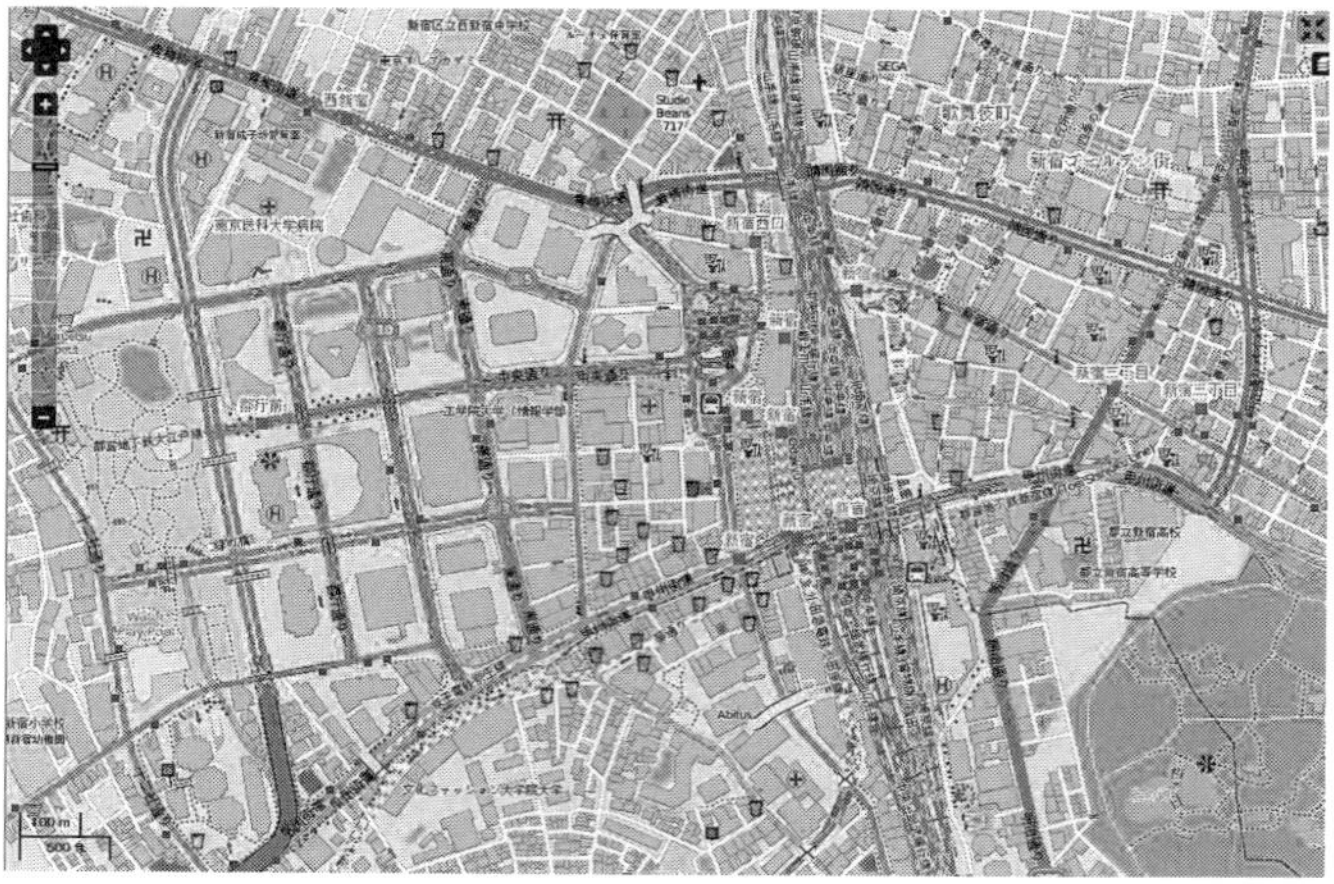

図7-4　オープンストリートマップの地図
出典：https://openstreetmap.jp/

ブ（Geoweb：Geospatial Web の略称）とも呼ばれている。

このように、利用可能なデータやソフトが飛躍的に増えたことを受けて、様々な分野に参加型GISが応用されてきている。日本で参加型GISが普及したきっかけは、大規模な自然災害の発生であった。1995年の阪神淡路大震災の際にパソコン通信を使って被災地の情報を発信したことは、その先駆的事例であったといわれている。[*7] その後、1998年の特定非営利活動促進法（NPO法）の施行を契機として、様々な分野でのボランティア活動が活発化した。2011年の東日本大震災の際には、さらにソーシャルメディアとジオウェブを組み合わせる技術が加わって、被災地支援のための情報発信にボランティア地理情報が大きな役割を果たした。こうして非営利の民間セクターによる地

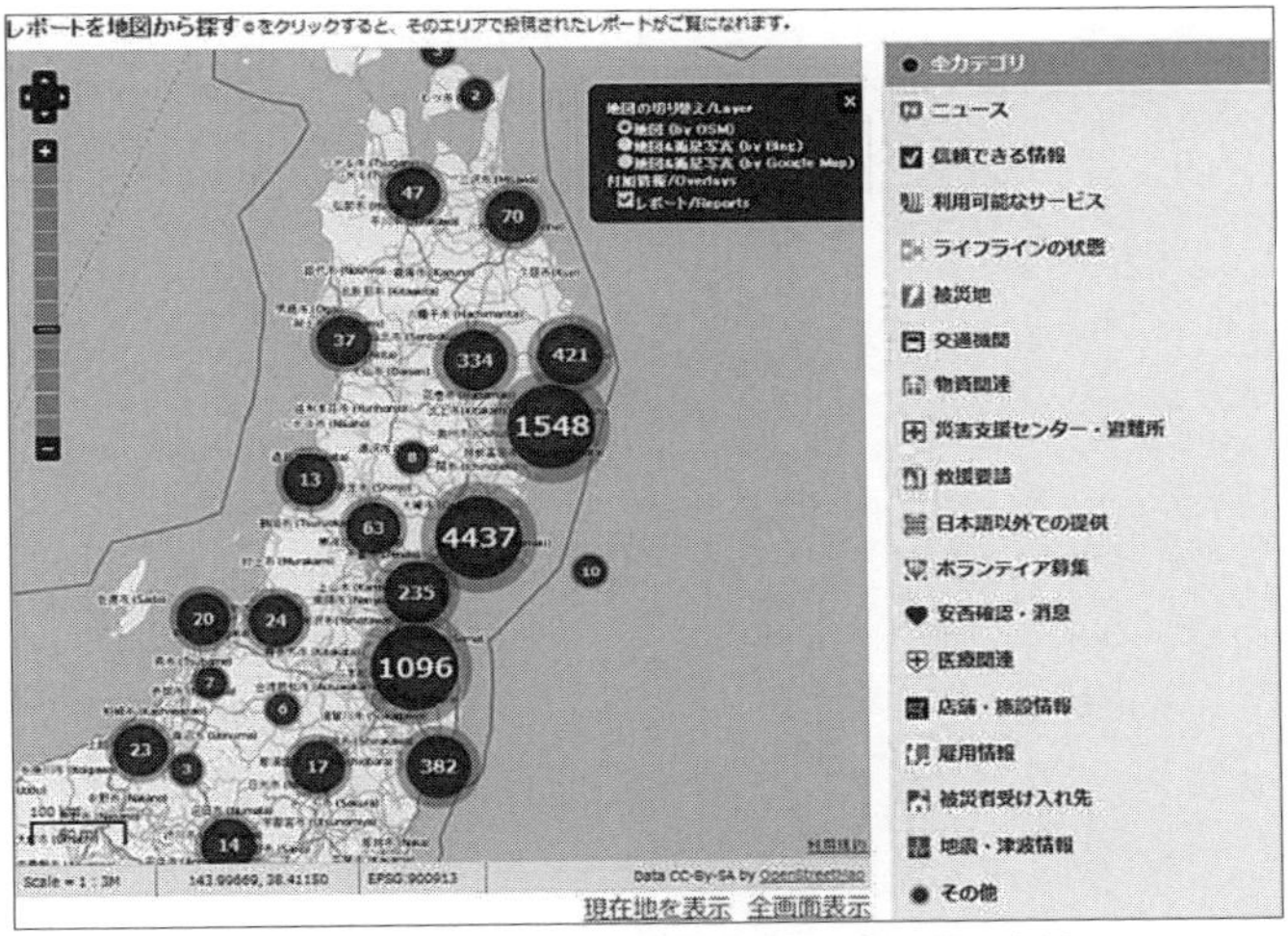

図7-5　東日本大震災で作製された参加型地図の事例
出典：sinsai.info

理空間情報の役割は、いっそう高まったといえる。

6　ウェブ2・0時代の地図

これらの動きは、情報の受け手が積極的に情報発信に関わることによって、情報の価値を高めていく、ウェブ2・0[*8]と呼ばれるネットビジネス分野の流れとも密接に関係している。米国のティム・オライリー[*9]が提唱したウェブ2・0は、いまや陳腐な表現になりつつあるが、最近の参加型地図作りや参加型GISをめぐる動きも、基本的にはウェブ2・0の範疇《はんちゅう》にあるといってよい。第2世代ウェブ技術のトレンドを指すウェブ2・0の特徴として、オライリーが挙げている七つのポイントの中に、「貢献者としてのユーザ」、「ユーザ参加」、「根本的な信頼」が挙げられているのも、参加型ＧＩＳの基盤となる現代のウェブ技術の特徴を端的に表している。

たとえば、グーグルマップのＡＰＩを用いれば、ユーザ自身が作成した地理空間情報をウェブ地図上に表示することができる。こうしたジオウェブと呼ばれる機能を用いて、多数のユーザが集めた情報をウェブ地図上で共有することが活発に行われている。つまり、インターネットに接続可能な環境で、情報端末を操作する最低限のスキルを持っていれば、誰もが地理空間情報の発信者となって地図作製に参加できるのである。もともとはローカルな市民参加活動を地理空間技術によって下支えする分野として始まった参加型ＧＩＳであるが、ジオウェブの登場は、より広い地域の多様な人々が地理空間情報を共有し意思決定に関わることを可能にしたといえる。

見方を変えると、このような地図作りの基礎となる地理空間情報の収集に利用者が参加する動きは、不特定多数の人々に仕事を委託するクラウドソーシングという業務形態の一種として捉《とら》えることもできる。前節で述べたように、不特定多数のボランティアが収集したデータはボランティア地理情報と呼ばれるようになった。この言葉を発案した地理学者グッドチャイルドの「センサーとしての市民」と題した論文[*10]でも、ボランティア地理情報をもたらした技術の一つとしてウェブ２・０が挙げられている。

ボランティア地理情報とは、端的にいえば、ウェブ２・０の特色であるユーザ自身が生み出

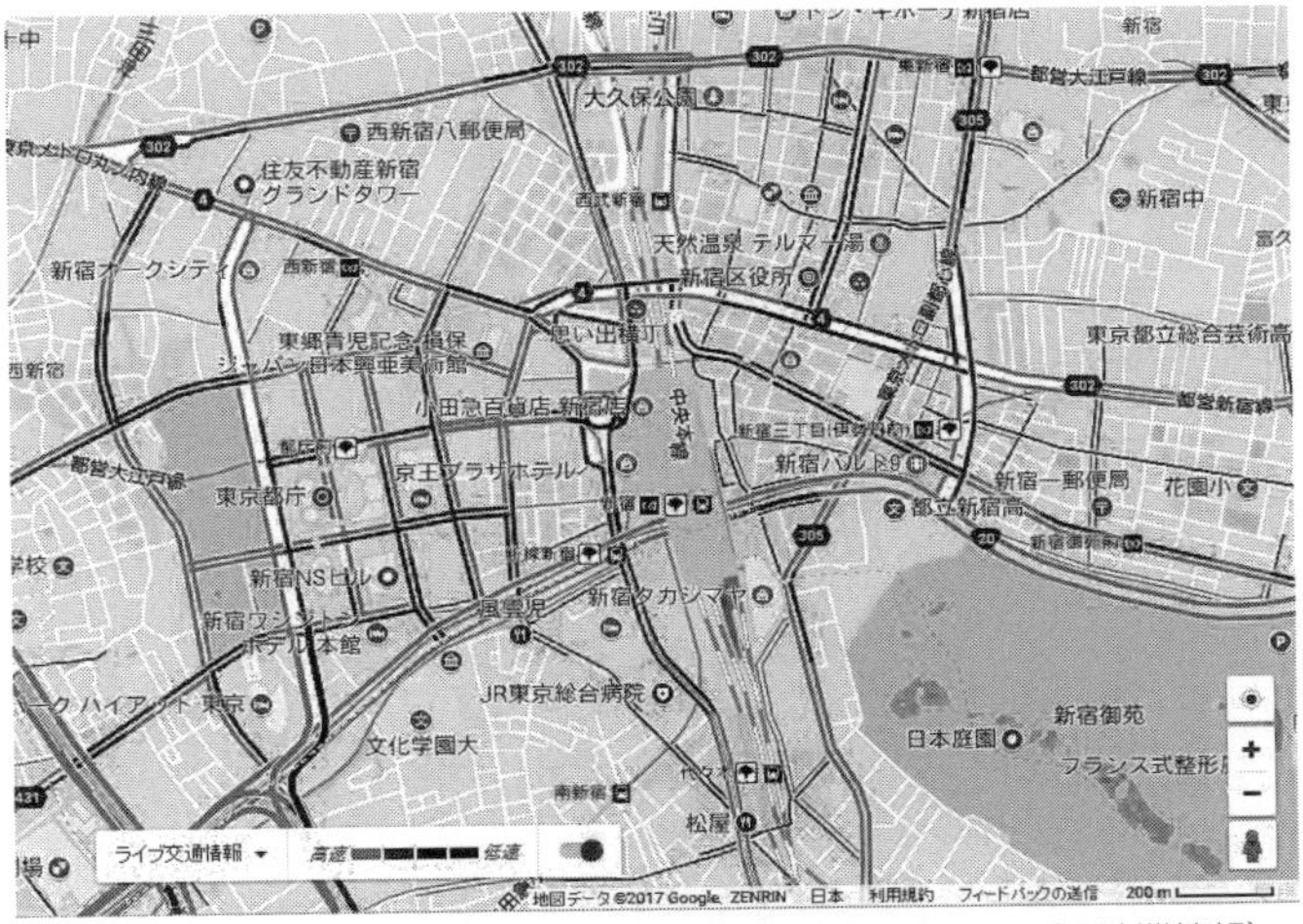

図7-6　プローブカーによる道路情報の地図化（グーグルマップの渋滞情報）

したコンテンツ（UGC：User generated contents）のうち、地理空間情報を含むものを指す。UGCは、おもにブログ・SNS・ウィキ（Wiki）などのウェブ2・0の技術を使って、非専門家が提供した文章、写真、動画などのコンテンツで、たとえば動画共有サイト・ユーチューブ（YouTube）、百科事典サイト・ウィキペディア（Wikipedia）などがその典型例である。これの地図／GIS版といえるのが前述のOSMであり、グーグルマップとウィキのシステムを組み合わせたオンライン地図サービス・ウィキマピア（WikiMapia）、ジオタグ付きの写真が共有できるフリッカー（Flickr）などもボランティア地理情報の代表的なツールとなっている。

　また、スマートフォンなどの携帯端末に組み込まれたGPSや各種センサーから取得したデータは、通信事業者などが持っていて、個人情報と位置情報とを切り離した状態で様々な用途に利用されている。そうした情報を使った、道案内、広告、ゲームなどの各種の位置情報サービスを提供するビジネスも生まれている。[*11] この他、各種センサーを搭載したプローブカーという車を用いて、走行中の路線の渋滞状況や天候のデータを収集して道路情報を地図に表示するシステムもボランティア地理情報の応用例といえるであろう（図7-6）。

ウェブ技術の進歩は、地図の作製だけでなく、その流通にも大きな影響を及ぼしている。ネットビジネスの分野では、「ロングテール[*12]」というビジネスモデルが、需要の少ない商品に光を当て、新たなヒット商品を生み出すようになったことが知られている。ロングテールとは、インターネットで流通する商品の在庫管理・宣伝のコストがきわめて小さいという利点に、多様な商品の需要と供給をマッチングさせるウェブ技術が結びついて成立したもので、小規模な市場を形成するニッチ商品の取引を活発化させた。これは、従来は流通しにくかった少数派のための地図を広めることに貢献したといえる。

この概念を提示したアンダーソン[*13]が挙げている、ロングテールがビジネスとして成立するための三つの追い風は、地図にも部分的に当てはまるところがある。その一つは、生産手段の民主化で、地図作製のためのPCやソフトウェアが低廉化したことで、アマチュアでも地図製作に関わるチャンスが生まれている。これが多様な地図を生み出すことになり、第2章で述べた〝地図界のカンブリア大爆発〟につながったといえる。第2点目は、流通手段の民主化で、インターネットを通じて多くの人に安く商品が届くようになったことである。これは流通コストへの地理的距離の影響を低下させ、ネットを通じた地図の流通が活発化した。第3点目は、需要と供給を結び付けるための検索システムの開発である。これはアマゾンなどのネット通販が導入しているもので、消費者の検索履歴などをもとに好みに合った商品を提案して、ニッチ商品を見つけるための支援機能に応用されている。

7　隠れたバリアを見える化する

しかし、商取引の対象にもならないような、きわめて限定されたニーズを満たすための地図もある。店頭に出回る地図は、一定の需要が見込める売れ筋の商品に限られるが、障害者向けの地図は市場規模が小さく、制作にも特別な工夫が必要でコストもかかるため、商業ベースには乗らないことが多い。そのため、障害者のニーズを反映した地図を、書店で見かけることは稀である。しかし、ウェブ上では様々な障害者向けの地図が作製され、提供されてきている。

その背景として、障害者を施設へ隔離して収容する従来の政策に代わって、在宅福祉を中心にして障害者と健常者がともに暮らすことを推進する「ノーマライゼーション」の考え方が先進国を中心に広まったことがある。これによって、障害者の外出する機会も増え、移動の際の物理的障害を取り除くバリアフリーの対策が進められるようになった。それとともに、地図の中にもバリアマップ（「バリアフリーマップ」、「福祉マップ」などの呼び方もある）という新

図7-7　バリアマップの事例：港区
出典：https://www.machi-info.jp/machikado/minato_city/barriorfree/index.html

たなジャンルが生まれている。[*14] バリアマップとは、ここでは障害者の生活行動を妨げるような物的環境のバリア（障壁）を示した地図を指す。最近では、ウェブ上でＧＩＳ等を使ってバリアマップを公開する様々な試みも始まっている（図７－７）。

バリアマップを作製する目的には、障害を持つ人たちが外出する際に必要とされる情報を提供するだけでなく、バリアの存在を社会に伝え、それを取り除くよう呼びかけることがあげられる。[*15] このうち後者は、バリアの除去にまで至らなくとも、健常者とバリアの存在に関する情報を共有することによって、障害者に対する理解を深め、社会的支援を促すことにもつながるであろう。

実際に公開されているバリアマップの表現・内容と、下肢不自由者のニーズを比較した研究[*16]

によると、公共施設や大規模施設についての情報は豊富なわりに、民間の小規模施設の情報が不足していること、また表現についてはピクトグラムと文章表現以外の、写真や立体図・平面図の併用が不足していることが明らかになっている。また、視覚障害者向けのバリアマップがきわめて少ないことも指摘されており、バリアマップが障害者向けの情報内容は含んでいても、地図表現が必ずしも障害者に適合しているとは限らない。

8　地図のユニバーサルデザイン

表現の面でバリアフリーを指向した地図には、バリアマップとは別のカテゴリーを設ける必要があるだろう。ここでは、地図の利用に不自由する人たちに配慮して表現を工夫した地図を「ユニバーサルデザイン地図」（略してＵＤ地図）と呼ぶことにする。

「すべての人が人生のある時点で何らかの障害を持つ」ことを発想の起点にするユニバーサルデザイン[*17]の考え方は、すでに様々な分野に広がっている。地図についても、道路案内標識に使用される地図のバリアフリー化に関して、国がガイドラインをまとめている。[*18]そこで主たる対象になっているのは、下肢不自由者、視覚障害者（弱視と色覚多様性を含む）、それに外国人である。

これまで、地図の利用に最も大きなハンディを抱えると考えられる視覚障害者には、触《しょく》地図という指で触って読むための特殊な地図が作製されてきた。しかし、限られた情報を点字や凹

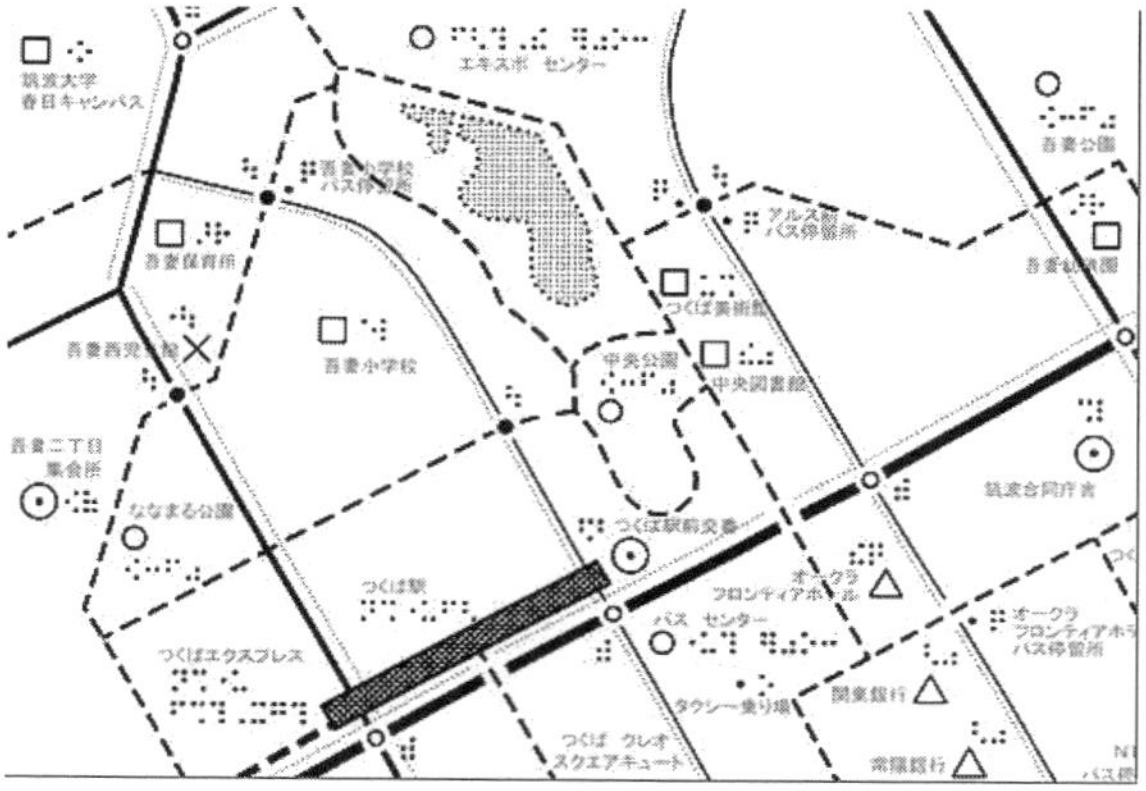

図7-8　触地図の事例
出典：http://www.gsi.go.jp/WNEW/PRESS-RELEASE/2006/0829/0829-4.htm

凸記号で表現した触地図は、晴眼者と共通に使うことは難しいため、厳密にはUD地図の範疇には含まれない。なぜなら、ユニバーサルデザインの本来の目標が「修正や特殊なデザインを用いることなしに、できる限り大勢の人々が利用できるように、製品と環境をデザインする」ことにあるからである。[*19] 触地図がUD地図になるためには、点字に墨字《すみじ》を添えたり記号を着色するなどして晴眼者と共通に利用できるようにする必要がある。

また、一定の視力はあっても色の弁別が困難な色覚多様性の存在も忘れるわけにはいかない。色覚異常を抱える人は彩度と明度でしか色を見分けられないため、地図においても混同しやすい色の組み合わせをなるべく避けた配色が求められる。こうした地図のデザインにあたっては、NPO法人カラーユニバーサルデザイン機構[*20]が公開している、混同しにくい色を選ぶためのシミュレーションツールが役に立つ。

色や記号による表現方法に代わって、ことばによる道案内をウェブで公開して、視覚障害者に利用してもらう活動もある。「認定NPO法人ことばの道案内」（通称「ことナビ」）[*21]が運営するウォーキングナビでは、最寄り駅やバス停から主要な施設までを道案内するテキスト形式のことばの地図を提供している。2016年11月時点で2248ルート分が公開されており、視覚障害者はそれをパソコンや携帯電話の音声化ソフトを通して利用できる。ことナビの地図は、基本的に次のような形式とルールで作製されている（図7－9）。

まず冒頭の前文では、出発地から見た目的地の方向、経路距離、歩行時間、点字ブロック敷設状況を説明する。それに続く本文は、方向転換するポイントなどでいくつかのセクションに区切られ、番号が付けられている。各セクションは、

①始点＋方向＋距離＋動作＋終点

②注意文＋参考文

という構成で書かれている。注意文は、障害物など危険事項に関する情報、参考文は移動する際に参考となる情報である。ことばの地図は、全盲者の利用を想定しており、終点を示す箇所では、変化しにくく確実に存在する物体、とくに手・脚・杖で触れて確認できる固定物が優先される。たとえば、視覚障害者誘導用ブロック（いわゆる点字ブロック）の分岐点、歩道と横断歩道の境目の段差、建物の壁、植込みの縁石などである。

飛鳥山(あすかやま)公園出入り口〔JR　王子駅〕

飛鳥山(あすかやま)公園出入り口までのJR 王子駅 中央改札口からおよそ徒歩6分、距離321メートルの道案内を行います。

目的地は中央改札口を背にして、およそ左うしろ7時の方向にあります。

点字ブロックは、ほぼ完全に敷設してあり、道案内も点字ブロックに沿って説明します。

1　改札口を背にして構内を正面12時の方向へ6メートルほどすすむと、歩道があります。参考あり。

(参考:歩道の点字ブロックはT字形です。点字ブロックは途中2メートルほどで右方向にずれ、4メートルほどで1メートルほど切れています。参考おわり)

2　歩道を左9時の方向へ42メートルほどすすむと、信号のない横断歩道があります。参考あり。

(参考:横断歩道のてまえ3メートルほどの左右にゴム製の車止めがあります。歩道はガードしたをとおっており、途中18メートルほどでガードを抜けます。点字ブロックは途中29メートルほどで右にカーブしています。参考おわり)

・・・・(中略)・・・・・

6　のぼり階段を正面12時の方向へ10段のぼると、踊り場があります。

7　踊り場を正面12時の方向へ3メートルほどすすむと、のぼり階段があります。

8　のぼり階段を正面12時の方向へ9段のぼると、目的地公園出入り口があります。参考あり。

(参考:入口をはいると多目的広場です。参考おわり)

到着です。

図7-9　ことばの道案内の事例
出典：http://www.walkingnavi.com/

これを「地図」と呼ぶべきかどうかは、異論もあるかもしれない。だが、地図本来の機能の一部を含んでいることは確かで、地理空間情報の一種であることは間違いない。このように、コンピュータとインターネットを組み合わせたＩＣＴは、情報へのアクセスを妨げる地理的距離の影響を弱めたという意味では、それ自体がバリアフリーに一定の役割を果たしている。しかし一方で、デジタルデバイドという言葉にみられるように、ＩＣＴを利用する人たちとしない人たちとの間で情報アクセスに格差があることも否定できない。つまり、情報アクセスには少なくとも二つのレベルがあって、情報端末同士のアクセスは飛躍的に増大し、地理的格差を縮小したものの、人と情報端末とのアクセスには大きな格差を残しているのである。

［注］

＊1　Hahmann and Burghaldt (2013)
＊2　週刊ダイヤモンド２０１２年11月17日号
＊3　朝日新聞２０１３年８月30日朝刊
＊4　矢野 (1999)
＊5　村山 (2008)

*6　若林ほか編著（2017）
*7　今井（2009）
*8　梅田（2006）
*9　O'Reilly（2005）
*10　Goodchild（2007）
*11　神武ほか（2014）
*12　アンダーソン（2014）
*13　アンダーソン（2014：86–91）
*14　宮澤（2005）
*15　宮澤（2005：59）
*16　二口・宮澤（2004）
*17　北岡（2002：12）
*18　国土交通省道路局企画課（2003）
*19　山田（2005：17）
*20　http://www.cudo.jp/
*21　田中（2017）

第8章　それでも世界の中心は私

1　デジタル化で変わった地図の表現

これまで述べてきたデジタル化に伴う地図表現の変化を、ここで改めて整理しておきたい。紙をはじめとする従来の素材に描かれたアナログ地図は、地理情報の貯蔵（記録）と視覚化（表現）という二つの役割を兼ねていた。つまり、描かれる素材の上で地理空間情報の記録と表現が一体化されていたのである。ところが、デジタル化によって地理情報の貯蔵が磁気媒体のデータベースにゆだねられると、これらの役割は分離されることになる[*1]（図2－2参照）。

その結果、貯蔵の面では、地理情報が図面の制約を受けずに豊富に貯蔵できるようになり、視覚化の面では、同じ地理空間データから必要に応じて異なる表現の地図を描くことが簡単にできるようになった。また、描く素材が紙からモニター画面に替わると、必要に応じて３D（３次元）地図、アニメーション、画像、音声などを組み合わせながら、従前の地図にはない新たな表現も可能になる。こうしたデジタル地図の登場は、地図のあり方や概念そのものを改めて考えさせるものであった。

一例として、検索サイトの地図を例にとってみよう。グーグルやヤフーなどの主要な検索サイトでは、ほぼ例外なく〝地図〟のページが用意されているが、日本では（株）ゼンリンの地図データを使用したサイトが多い。

図8‐1は同じデータを使いながらも、グーグルとヤフーでは表現が異なることがわかる。これを道路の表現に着目すると、グーグルでは道路名を表記する諸外国の地図にならって、実際よりも幅が広めに描かれているが、ヤフーの地図では実際の幅員《ふくいん》に対応させて道路が描き分けられている。また、表記する地物《ちぶつ》の選択や表現もやや異なっており、グーグルでは鉄道駅が目立たない代わりに施設の種別を表すアイコンが目につく。

デジタル化はまた、地図表現だけでなく利用の仕方にも大きな影響を与えている。つまり、同じ内容の地図でも表示するデバイスによって異なる伝達効果を持つということである。ここで、アナログ地図にはないデジタル地図の特徴を操作の面からみると、次の4点を指摘できる。

（1）地図のピンポイント検索　地図の検索方法として、アナログ地図にはない方式がデジタル地図では用いられている。一つは広域図から縮尺変更やスクロールによって表示範囲を絞り込んでいく方式である。もし目当ての場所の所在地が全くわからなかったり、手早く地図を表示したい場合には、住所や施設名を入力してピンポイント検索して地図を探す方法も用意され

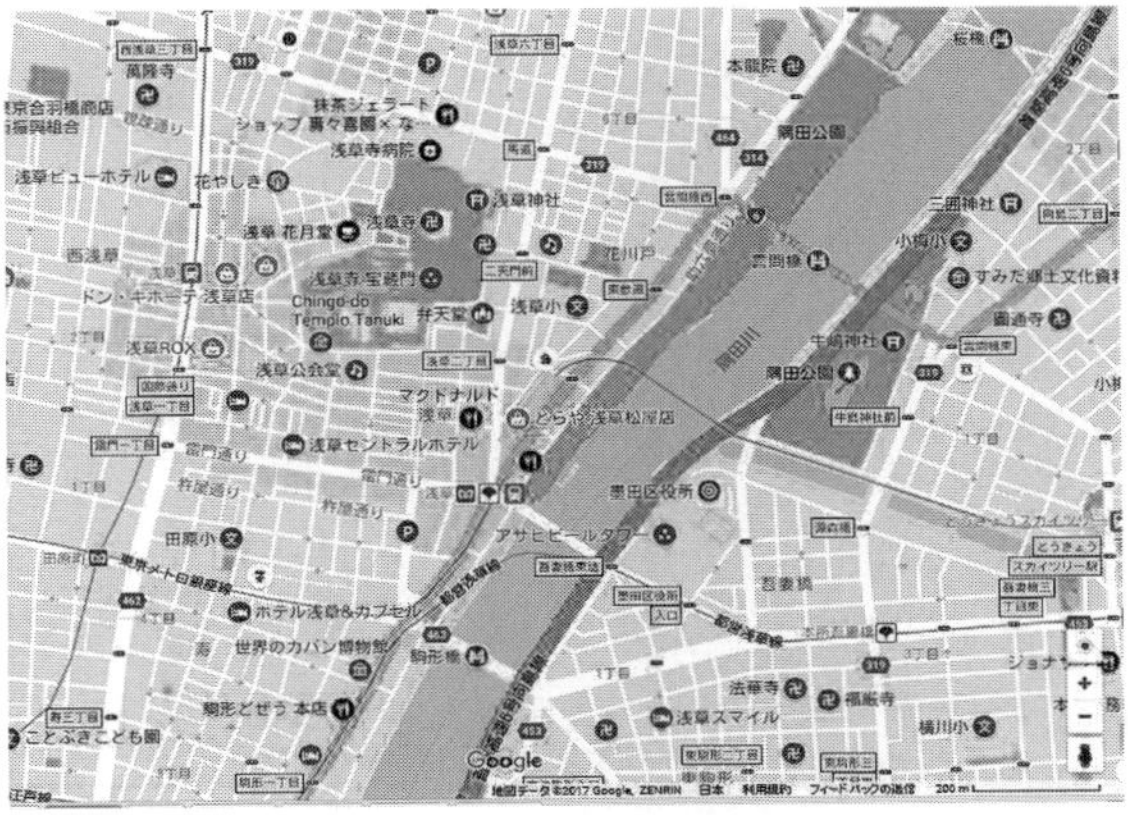

(a) グーグルの地図

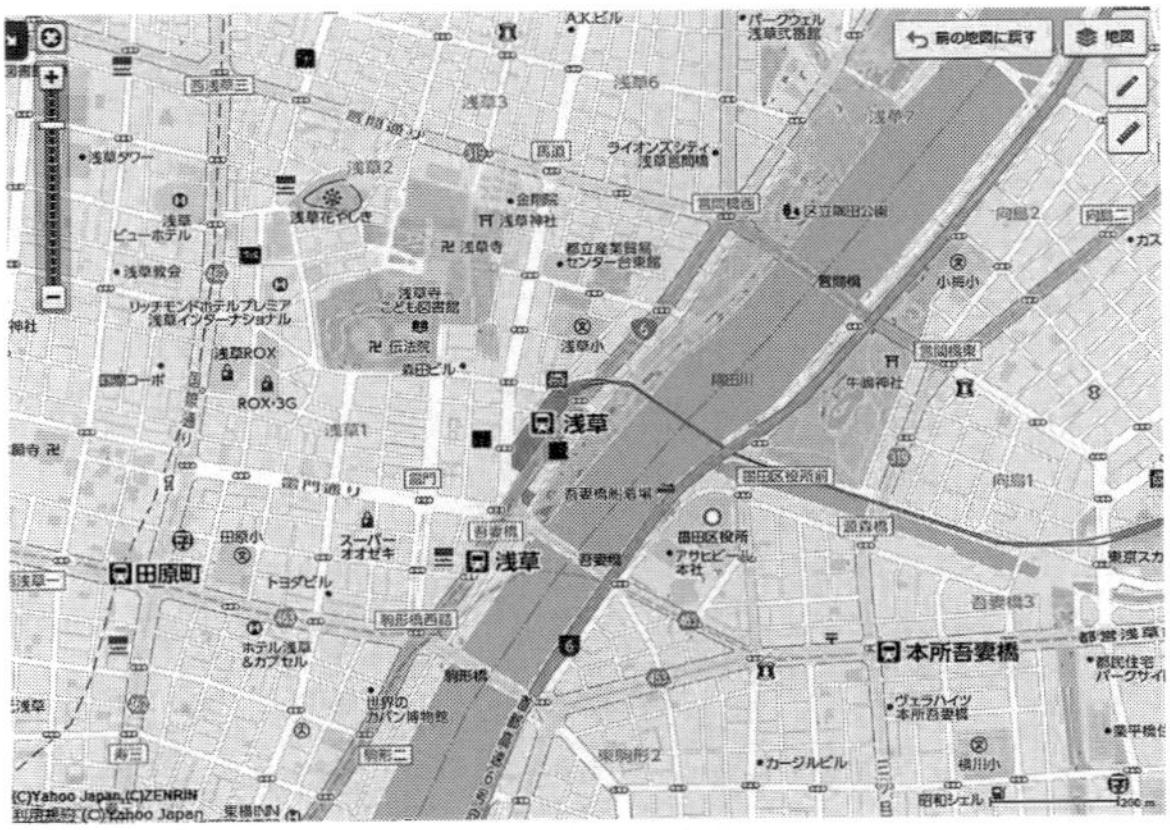

(b) ヤフーの地図

図8-1　検索サイトの地図表現の比較

ている。おそらく現在では後者の方法を使う人が多いだろうが、この方法では表示される場所の周囲の状況を把握するのは難しく、利用者の視野を狭めてしまう恐れもある。*2

（2）連続的な縮尺変更　第2の特徴は、縮尺の表示とその切り替え方である。紙地図では縮尺が予《あらかじ》め固定されているのに対し、デジタル地図ではモニターの大きさによって地図の縮尺が変わる。そのため、紙地図でよく用いられる縮尺分数はほとんど使われず、バースケールでの表示が大半を占めている。縮尺を変更する仕方にもいくつかの方法があり、従来は縮尺を表すボタンをクリックする方式や、スライダーバーを操作して変更する方式がとられていたが、最近ではマウスホイールを回転させて縮尺を切り替える方式が多くなっている。このように、自由に縮尺を切り替えられるのは、デジタル地図の大きな利点であるが、従来の「○分の1」といった縮尺分数の感覚になじんだ人にとっては、スケール感がなくなってしまう恐れもある。

（3）シームレスな画面移動　シームレスな（継ぎ目のない）地図データから適切な範囲を抽出して限られた画面に表示するためのスクロール操作もデジタル地図の特徴である。従来の地図の図郭《ずかく》にあたるのがモニター画面の枠であるが、これまでは図郭外に示された矢印ボタンをクリックする方法や、地図上の任意の地点をクリックして図郭の中央に移動させる方法（センタリング）がとられていた。しかし最近では、地図上で動かしたい向きにマウスをドラッグして画面を移動する方法（パンニング）が一般的である。

（4）レイヤ機能　地図の重ね合わせや切り替えが容易なこともデジタル地図の一つの特徴で

ある。たとえば、グーグルが始めた空中写真・衛星画像と地図との重ね合わせ・切り替え表示は、最近になってヤフー地図や地理院地図などでも採用されている。また、利用者の興味のある店などの情報（ＰＯＩ：Point of Interest）を必要に応じて表示させることができるサイトも少なくなく、利用者自身が地図をカスタマイズできることも、紙地図になかった大きな変化といえる。

このように、デジタル地図の特徴の一つは、ユーザとの対話性の高さにあるが、利用者が望む内容と表現の地図を表示するには、一定の操作が必要である。そのため、これらの地図のユーザビリティを評価する際には、地図自体の表現とは別に、操作のしやすさについても検討する必要がある。[*3]

2　利用者と対話する地図

このような対話性の高さを利用して、デジタル地図には新しい利用の仕方が考え出されている。たとえば、地理空間データに潜《ひそ》む未知の空間的パターンを探し出すための地理的視覚化(geovisualization)というツールがある。図８－２に示したのは、ペンシルバニア州立大学で開発されたジオビズ・ツールキット(GeoViz Toolkit)を用いた例で、東京圏の市区町村の様々な人口指標を多角的に分析するために、「平行座標プロット」と「２変量コロプレスマップ」を表示している。[*4]このように、地理的視覚化ツールによって、多数の変数を同時に表示してイ

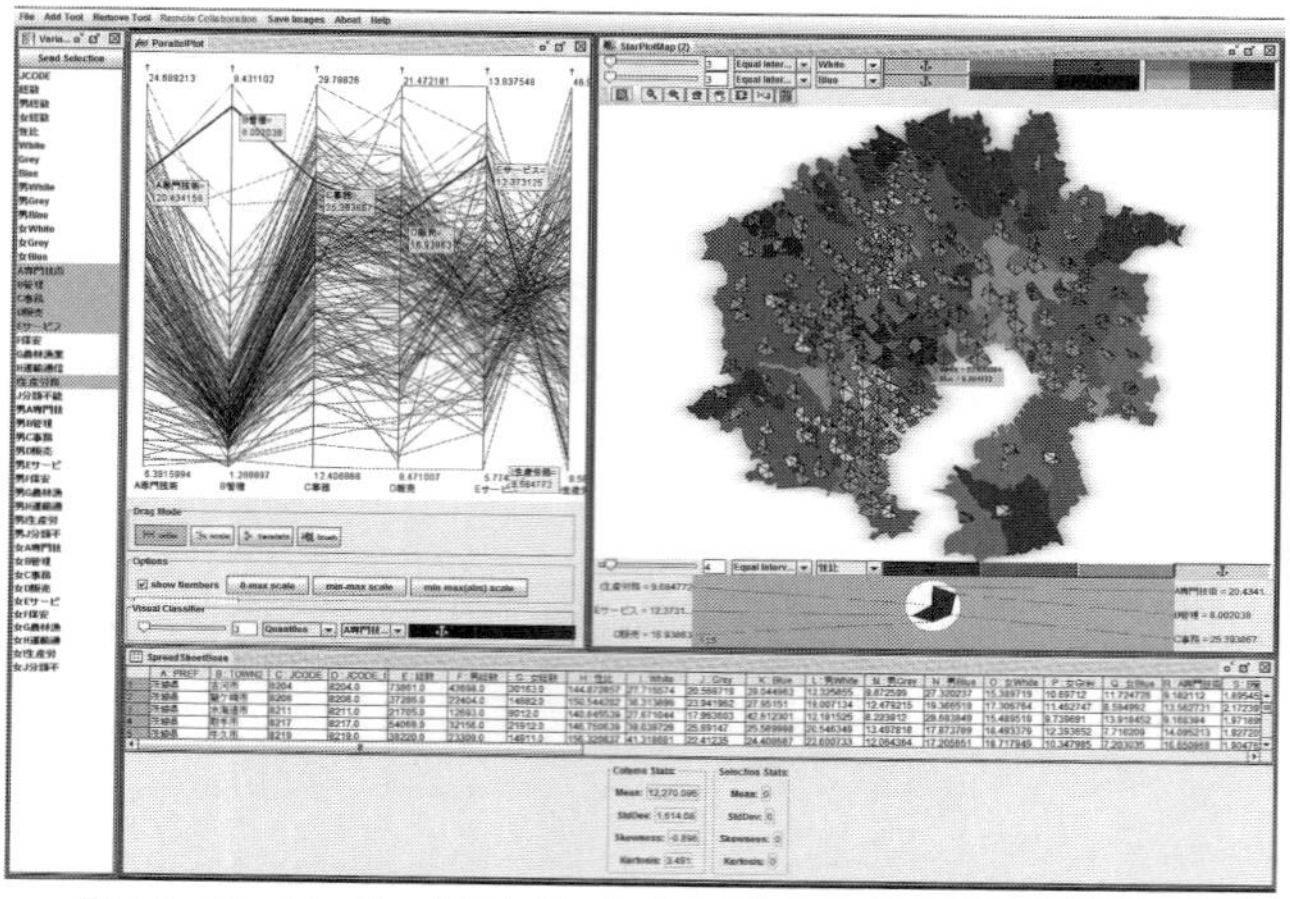

図8-2　GeoViz Toolkitを用いた人口データの地理的視覚化の事例
出典：若林・小泉（2012）

ンタラクティブにデータ処理することで、隠れた情報の探索的な分析が容易になる。ただし、こうしたツールを使いこなすには、利用者の側にも新たな読図と操作のスキルが求められる。

　このツールを開発したマッケカレンは、このようなデジタル化による地図利用の特徴について図8－3を使って示している。図中の立方体は、地図と利用者の対話性、地図の用途、地図が伝える情報が未知である度合いという三つの座標軸で構成されている。座標軸を斜めに横切る矢印は、デジタル化に伴う変化を示している。

　デジタル化以前の地図利用を特徴付けるのは、作製者にとって既知の情報を他人に伝えて公開するために、書き換えが容易でない（つまり対話性の低い）紙地図に表現する「伝達」である。これがデジタル化とともに、未知の情報を個人的な利用のために試行錯誤で対話的に地図化す

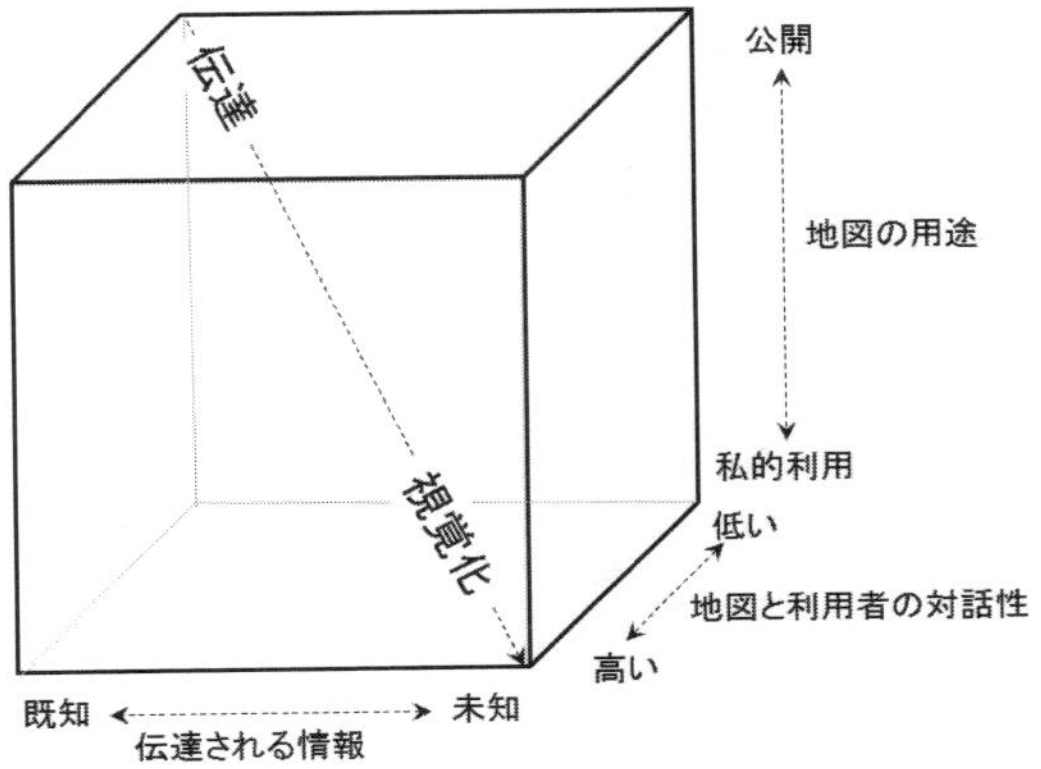

図8-3　地図利用の変化を表す立方体
出典：MacEachren（1995, p.358）の図をもとに筆者が作成

る「視覚化」へと変化したと考えられる。その背景には、すでに述べたデジタル地図の特徴であるデータと表現の分離によって、同じデータから多種多様な地図を描くことが容易になったことがある。図８－２で用いたツールは、探索的な視覚化の段階での地図利用のために開発されたものである。

このような地図の新しい機能は、ＧＩＳにも組込まれている。ＧＩＳにとって、地理空間情報を地図に表すのは、視覚化の一つの手段にすぎないが、それと解析機能や検索機能を組み合わせることによって、データに潜む新たな情報を発見することも可能になる。つまり、ＧＩＳや対話型地図にはデータ解析による分析と地図化による総合という二つの側面が備わっている。これを大脳の機能分化に対応させると、ＧＩＳは総合に特化した右脳と、おもに分析を担う左脳の両方を動員して新たな発見を導く可能性を秘めているである。

3　カーナビ進化論

対話型地図の代表例として、カーナビの地図を挙げることができる。カーナビは自動車の針路に合わせて地図を表示し、地図の向きや平面図、鳥瞰図《ちょうかんず》などの地図表現も利用者が自由に選択できるという点で、デジタル地図の特徴が凝縮されている（図8－4）。つまり、対話型地図の究極の姿は、利用者の好みに合わせたエゴセントリック（自己中心的）な地図と言い換えることができる。

たとえば、地図の向きについていえば、従来の紙地図とは違って、カーナビの地図は進行方向に合わせて向きが自動で切り替わる「ヘディングアップ」と呼ばれる設定になっている。もちろん、利用者が望めば地図の上を北に固定した「ノースアップ」の設定に切り替えることもできる。これは、第6章で述べたように、対象とする空間の規模やすでに知っている場所であるか否かによって、地図を整置した方がよいかどうかが違ってくるためである。

実際の利用場面では、移動とともに絶えず地図が書き換えられるが、運転中にドライバーが地図に目を向けることはあまりない。これに対して、海外のカーナビでは地図を使わない「ターン・バイ・ターン」という方法を採用し、針路を矢印だけで示した画面が使われることが多い。2005年に改正された道路交通法でも、運転中にカーナビの画面を注視することは禁じられており、日本自動車工業会も「1回の視認・操作時間が2秒を超えないこと」という

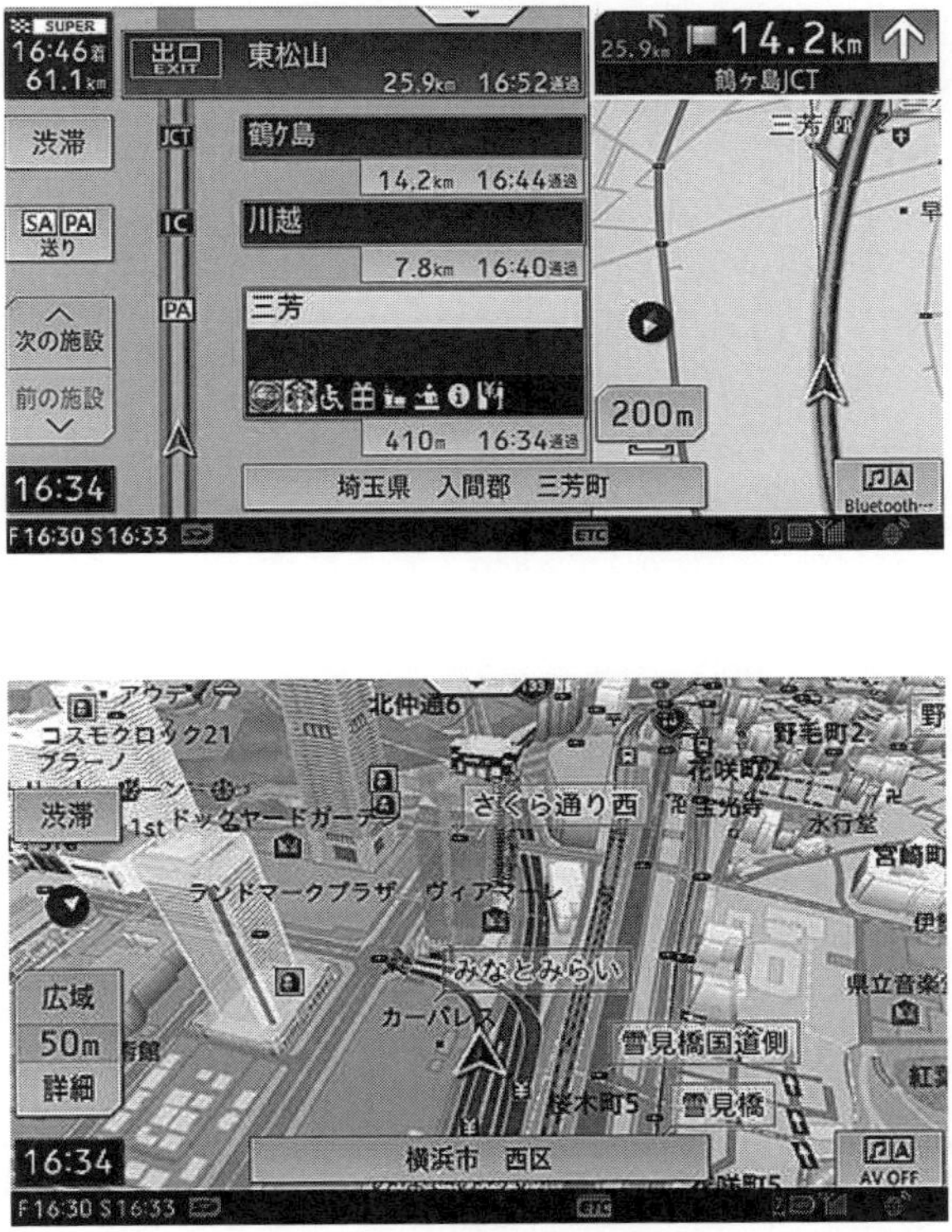

図8-4　カーナビの多彩な地図表現
出典：パイオニア（株）のホームページより転載*5

自主規制を設けている。そのため、短時間で視認できるような地図情報の提示が必要になるが、こうした問題を補うのが音声案内である。ただし、音声で伝達できるのは、針路の指示や目標物の予告などに限られるため、地図の持つ情報の一部しか伝えることはできない。第7章で述べた視覚障害者向け地図でもいえることだが、音声案内はことばを用いた新たな地図として、さらに改良の余地がある。

このように、デジタル地図の代表格ともいえるカーナビであるが、近い将来、自動運転車が出現すると、その役目は変わってくる可能性がある。最近の新聞記事[*6]によると、スマートフォンのアプリを使ったカーナビの普及に押されて需要減に直面するカーナビメーカーは、自動運転に活路を求めているという。ただ、運転手を案内する地図の役目は終わったとしても、自動運転車に乗る人が現在地を確認したり、立ち寄り先を探したり、車窓の景色を楽しむための情報を得たりといった目的で、地図への新たなニーズが発生するかもしれない。その場合は、現在のカーナビの地図とは違った表現や情報が求められることになるだろう。

4　地図はどのように使われているか？

(株)ゼンリンは、2012年から地図利用実態調査を実施し、ネット上で結果を公開している。調査結果の中で、1年以内に利用した地図を尋ねた質問(複数回答)では、意外なことにカーナビ地図の利用率は伸び悩んでおり、代わってスマートフォンの地図を利用する割合が急

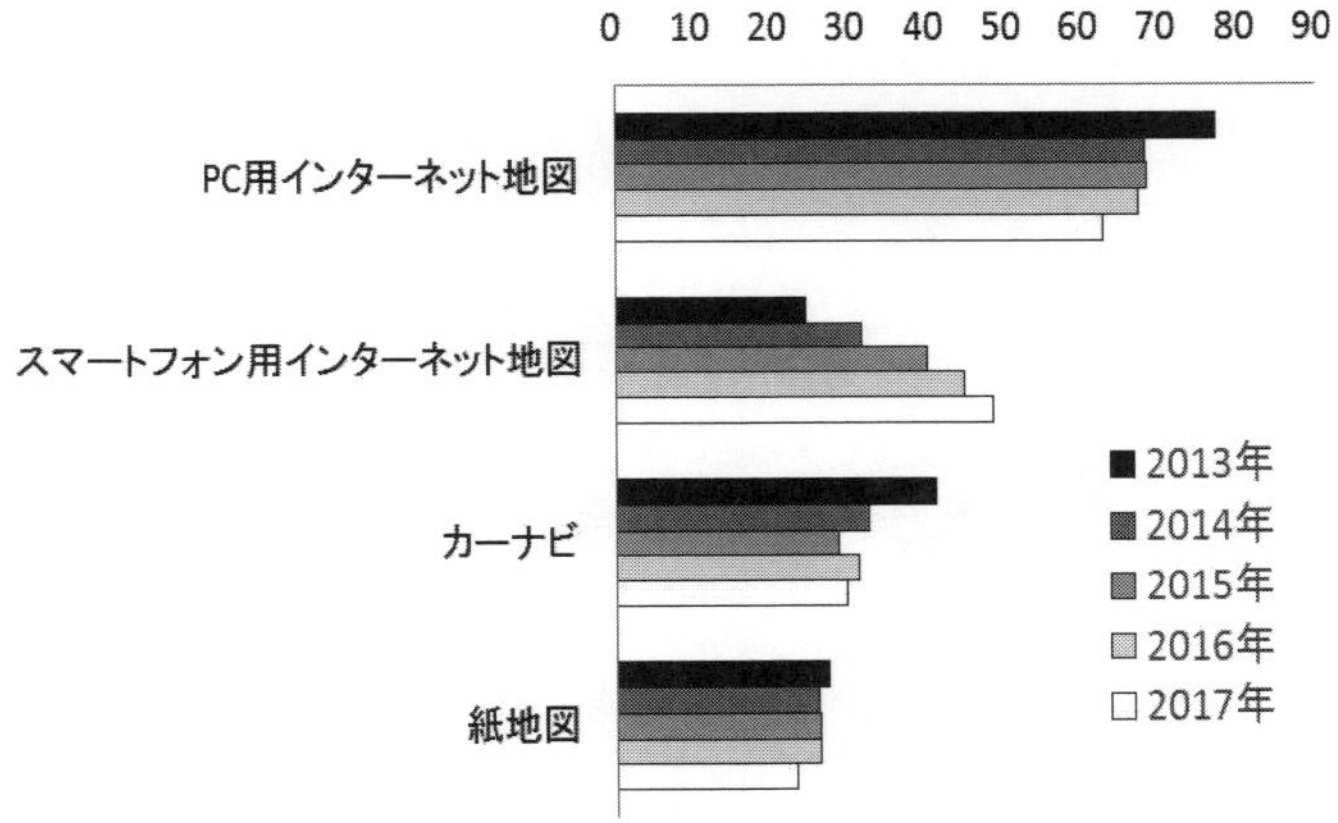

図8-5　ゼンリン地図利用実態調査によるおもな地図の利用率（%）の推移
出典：（株）ゼンリンの公開資料に基づき作成

速に高まっていることがわかる（図８－５）。その背景として、スマートフォンの地図アプリがカーナビの代用になるくらい機能が向上したことが考えられる。これは日本に限ったことではなく、海外を旅行してタクシーを利用すると、ドライバーがスマートフォンをカーナビ代わりに利用している場面に遭遇《そうぐう》することが少なくない。

その調査結果で興味深いのは、紙地図の利用者も決して減っていないことである。この調査の対象者がインターネット利用者であることを考慮すると、実際の紙地図の利用率はもっと高い可能性がある。これを年齢別にみると、スマートフォン利用は若年層ほど多く、高齢者は紙地図やカーナビの地図の利用割合が高いという結果が現れている（表８－１）。このように、地図の利用は世代による差が顕著になってきているのである。

これらの地図は、どのように使われているのだ

表8-1　性別・年齢別にみた1年以内に各種地図を利用した人の割合（複数回答）

	PC用インターネット地図	PC用地図ソフトウェア	スマートフォン用インターネット地図	スマートフォンのカーナビアプリ	カーナビ	紙地図	サンプル数
全サンプル	62.7	4.8	48.4	10.0	29.6	23.1	20,000
男性							
18-19歳	46.0	3.7	59.1	6.0	6.0	8.7	298
20-29歳	54.4	3.5	58.8	9.2	18.8	14.2	1,530
30-39歳	62.8	3.6	57.5	12.1	29.0	17.2	1,918
40-49歳	72.0	3.9	53.2	13.3	34.7	19.8	2,252
50-59歳	77.9	8.4	45.6	14.8	41.5	23.1	1,871
60-69歳	82.4	13.1	31.6	10.4	45.9	30.3	2,140
女性							
18-19歳	31.4	1.1	68.2	4.9	5.7	12.0	283
20-29歳	33.7	1.2	69.0	9.2	21.7	20.5	1,477
30-39歳	43.6	1.1	61.8	9.3	28.3	21.8	1,875
40-49歳	56.3	2.7	51.5	9.0	25.1	24.6	2,218
50-59歳	65.6	4.6	38.2	8.7	24.6	26.2	1,882
60-69歳	72.7	4.7	23.9	5.5	28.0	32.4	2,256

出典：（株）ゼンリン地図利用実態調査2017により作成。割合の単位は%

ろうか。それを知る手がかりとして、現代の地図利用実態について筆者が２０１４年３月に行ったインターネット調査に基づく分析のうち、ウェブ地図に関する結果を紹介する。[*7] 各種のウェブ地図の中で、主要な検索サイト等が提供している地図については、グーグルとヤフーの地図は50％を超える回答者が利用していた。その他のウェブ地図では、観光・レジャー向けの地図が80％を超える利用率がみられた。

これらのウェブ地図の用途とその利用に伴う変化を尋ねた結果をまとめたのが表８－２である。この表から、ウェブ地図は主として外出や旅行の際の道順や現在地の確認といったナビゲーションの場面で使われていることがわかる。また、外出時に印刷して持ち歩く人も２割程度あり、紙地図とウェブ地図は共存しているともいえる。ウェブ地図の利用に伴う変化を調べると、道迷い防止や行動の効率化に効果があったという回答が半数を超えた。また、行動範囲や関心のある地域が広がって、地理に対する興味が高まった人もみられる。このように、ウェブ地図は利用者の行動範囲や関心領域を広げた面はあるものの、紙地図に取って代わるには至っていない。

表8-2　ウェブ地図の利用とその効果（複数回答）

ウェブ地図の用途	%
外出先の所在地や道順を調べる	87.6
外出時に現在地を確認する	35.3
外出の際に印刷して持ち歩く	26.1
旅行の計画をたてる	20.9
地図を見て楽しむ	16.7
ニュースなどで知った地名を探す	14.7
人に待ち合わせや会合の場所を伝える	14.5
業務や学習のために調べものをする	11.0
（回答者数：598人）	
ウェブ地図利用による変化	**%**
道に迷いにくくなった	55.0
効率的に行動できるようになった	53.1
行動範囲が広がった	19.5
関心のある地域が広がった	17.8
印刷媒体の地図を使う機会が減った	16.3
地理に対する興味が高まった	11.4
（回答者数：614人）	

出典：2014年のインターネット調査結果に基づき作成。回答率10%以上の項目のみを掲載

5　タクシー運転手はなぜどこへでも行けるのか？

前節の結果から、ウェブ地図がおもに外出時の経路選択や現在地の確認に使われていることがわかったが、ナビゲーションにかけては、乗客の多様な求めに応じて道を探し出し、目的地に送り届けるタクシー運転手が、紛れもなくそのエキスパートといえる。そうした観点から、タクシー運転手の空間認知に着目した研

究も取り組まれてきた。欧米の都市での研究からは、タクシー運転手の認知地図が、主要街路とそれを補完する細街路からなる2層構造を持っていること、[*8]また運転歴が長い運転手ほど認知距離や経路の知識が正確であることなどが明らかになっている。[*9]

しかし、タクシー運転手を取り巻く状況は、地域や時代によって異なる。たとえば英国のロンドンでは、タクシー運転手に難度の高い試験が課されており、高度な専門的技能が求められている。これに対し、米国のニューヨークなどでは土地に不慣れな移民労働者でもタクシーに乗務できるといわれている。東京の場合は、営業区域内の地理に関する試験や講習が課せられており、タクシー運転手にある程度の空間的技能と地理的知識が求められるのは確かである。しかし、GPSを用いた無線配車システムやカーナビの普及によって、タクシー運転手の業務環境も大きく変化している。

ここで、筆者らが東京のタクシー運転手の空間認知とナビゲーションについて調査した結果[*10]を紹介しよう。2002年の道路交通法改正に伴う規制緩和により、タクシー業界への新規参入が促進され、タクシーの車両だけでなく新人運転手も増加した。[*11] 2008年から需給調整規制が復活し、車両数は抑制されてきたものの、景気の低迷で減少した利用客をめぐって、タクシー間での競争は激しさを増している。そうした厳しい競争を勝ち抜くために導入されてきたのが、GPSによる無線配車システムやカーナビなどの新技術である。

東京でカーナビを搭載したタクシーの台数は、2008年には68％に達している。カーナビ利用について、東京の法人タクシー事業者7社でアンケート調査を実施したところ、運転経歴の短い運転手にカーナビ利用者が多いことがわかった。[*12] タクシー会社での聞き取りでも、不慣れな新人運転手にはカーナビ搭載車を優先利用させているという。一方、カーナビの利用目的と効果を尋ねたところ、運転者自身の経路確認だけでなく、乗客へのサービス向上にも役立っていることがわかった。とくに、「紙の道路地図帳を使わなくなった」、「運転経路を選ぶのが楽になった」、「客の安心感が高まって苦情が減った」などの回答も多く、乗客と運転手の双方にカーナビ導入の効果があったといえる。

東京特定指定地域（特別区、武蔵野市、三鷹市）では、1970年以来、新人のタクシー運転手は、公益財団法人東京タクシーセンターが実施する地理試験に合格した上で講習を受講することが義務付けられている。この試験は、区域内の主要道路やその交差点、建物・施設の位置を問う基本問題と、最短経路や道路の接続状況などに関する応用問題からなり、合計40問のうち正答率80％以上で合格となる（図8－6）。試験の合格率は、難度が高かった時期には30％台に低下したこともあったものの、概《おおむ》ね50％前後で推移している。

ただし、地理試験の内容は主要な道路、交差点、施設などに限られており、それらの知識だけでは実際に客を運ぶのに十分とはいえない。つまり、これまでの研究から明らかなように、タクシー運転手の空間認知が2層構造を持つとすれば、主要道路で構成される広域レベルの知識しか地理試験では問われていないのである。カーナビが無かった時代にタクシー運転手が東

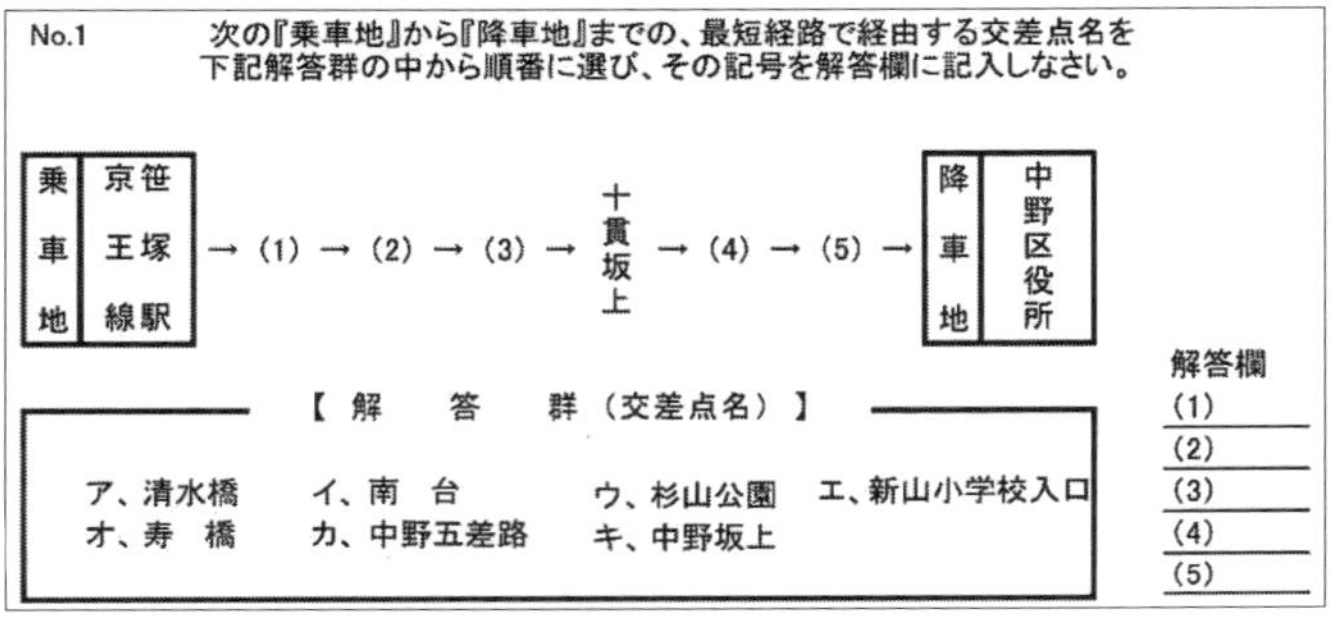

図8-6　東京指定地域タクシー地理試験の出題例
出典：『タクシー運転者地理試験問題例集』公益財団法人東京タクシーセンター

京の地理に通じるコツは、下町では橋、山の手では坂を覚えることだともいわれたが、そうしたローカルな知識は実際の乗務経験によって獲得されると考えられる。

　また、タクシーは営業を許可された区域内に乗車地か降車地が含まれていれば客を運ぶことができるため、区域外の道路を走行することもある。そのため、カーナビが普及した現在でも、東京指定地域で営業するタクシーは、「都内交通案内地図」というタクシーの乗務に特化した地図帳を携帯することになっている。つまり、カーナビが普及した現在でも最後に頼れるのは紙地図なのである。ちなみに船舶では、電子海図がナビゲーションしてくれる船であっても、危機管理のために航海用の紙の海図の携行が義務付けられているという。

　ある意味でカーナビは、ナビゲーションのエキスパートとしてのタクシー運転手の専門的知識や技能を、素人に授ける役目を果たしているといえるかもしれない。米国で始まった自動配車サービスであるウーバー（Uber）は、一般のドライバーが空き時間と自家用車を使って他人を運ぶためのマッチングの仕組みをもたらしたが、いまやタクシー業界を脅《おびや》かす存在になりつつある。それはカーナビの進化と普及によって、素人でもタクシー運転手並の技能を持てるようになったからこそ可能になったのである。

［注］

＊1　ウィルフォード（2001：534）

＊2　松岡（2016）

＊3　Nivala et al.（2008）

＊4　手法の詳細については、若林・小泉（2012）を参照。

＊5　http://pioneer.jp/carrozzeria/carnavi/cybernavi/avic-cw700-2_avic-cz700-2/navigation/map.php

＊6　日本経済新聞２０１７年９月６日電子版

＊7　対象者は民間の調査会社のモニターに登録している会員のうち、年齢と性別のバランスを考慮してサンプリングされた合計６３５人である。質問項目は、様々なウェブ地図と従来からの地図の利用状況（４段階評価）、ＩＴ機器の使用、性別・年齢・職業などの個人

属性などである。詳しい結果については、若林（2014）を参照。

*8 Pailhous（1970）、Chase（1983）

*9 Giraudo and Peruch（1988）

*10 若林（2013）

*11 戸崎（2008）

*12 若林ほか（2009）

第9章　デジタル地図の未来予想図

1　グーグルマップのリテラシー

カムチャツカの若者が　きりんの夢を見ているとき　メキシコの娘は　朝もやの中でバスを待っている…

これは谷川俊太郎《たにかわしゅんたろう》の詩「朝のリレー」の冒頭の部分である。この後にはニューヨークの少女、ローマの少年と続き、地球の自転とともに、日の出の場所が東から西へ移り変わるようすがリレーにたとえられている。この詩を十分に味わうには、登場する場所の地球上での位置を想像する知識と能力が求められる。それらの位置を地図帳や地球儀で調べれば、経度の違いや時差を確かめることもできる。

そうした地図を使って場所を探す作業は、グーグルアース、グーグルマップの登場によって、いまやPCや携帯端末上での操作に置き換えられている。つまり、これらのウェブ地図を使えば、地名を入力して検索するだけで探している場所の地図をピンポイントで表示することができ、位置を確かめる手間は以前と比べてはるかに小さくなったのである。

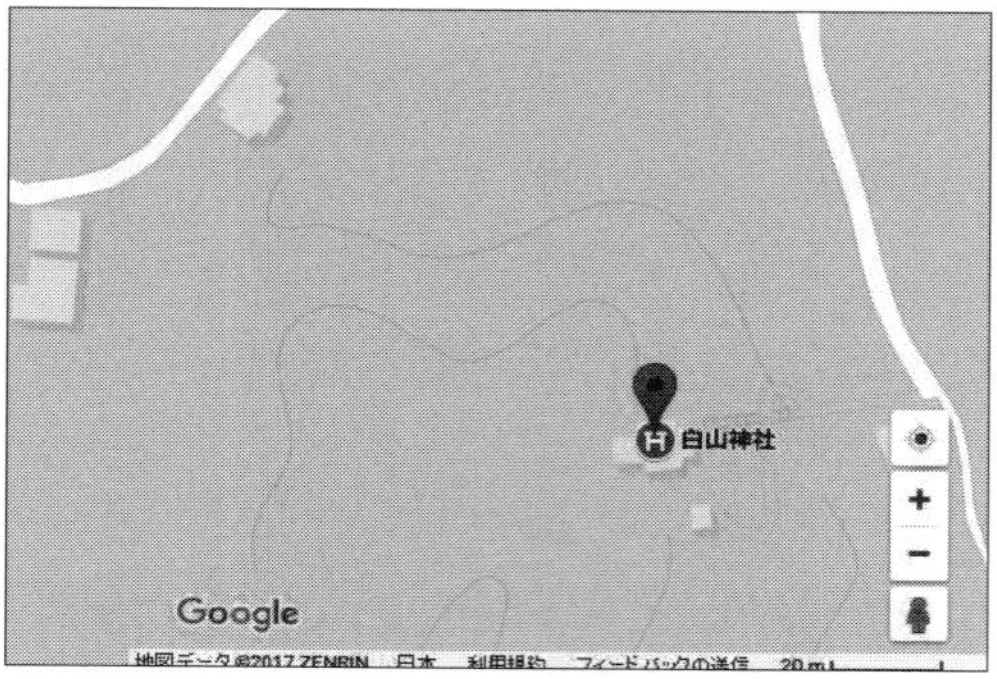

図9-1　グーグルマップで検索した場所の例

しかし、一見すると同じに見えるこれら二つのウェブ地図の間には、地図表現や使い方に違いがある。第2章で述べたように、グーグルアースはバーチャル地球儀として設計されているため、球面に表された地球上での位置を探し出し、地球儀を回すように自在に向きを変えることができる。グーグルマップでも基本的に同様のことはできるが、メルカトル図法で投影されて表示され、平面上で表示範囲を平行移動、拡大・縮小することになる。

場所の検索作業をグーグルアースで行った場合、地球儀から始まってズームインして次第に地図の範囲が絞り込まれるため、求める場所の地球上でのおおよその位置は理解できる。しかし、グーグルマップの場合、対象となる場所の近傍だけがピンポイントで表示されるため、スケールを操作しないとそこがどこかはわからないことがある。たとえば、白山《はくさん》神社は全国各地にあるが、図９－１の地図に示した神社がどこにあるか、わかる人はほとんどいないであろう。

じっさい、ある自治体で野生動物の観察記録を作成してウェブ地図に表示して報告させたところ、図９－１のような場所の特定が難しい地図画像を用いた報告がみられたという。[*1] これは、ウェブ地図といえども人に伝える際には、目的に応じて適切な縮尺を選択する必要があることを示している。それと同時に、グーグルマップなどのウェブ地図は読む側のスケール感覚を麻《ま》痺《ひ》させてしまう恐れがあるともいえる。

もちろん、これは使い方次第である。ウェブ地図をうまく使えば世界中の見知らぬ場所の大縮尺地図や空中写真を自由に閲覧することができ、グーグルのストリートビューがカバーしている範囲であれば、居ながらにして現地のバーチャルツアーを楽しむこともできる。ただ、これらの恩恵がある一方で、便利さの陰に落とし穴が潜《ひそ》んでいる。グーグルマップのようなウェブ地図のユーザは、単に機器やアプリの操作方法だけでなく、後述する問題点を意識しながら、地図をうまく使いこなす必要がある。その点で、従来の地図とは異なるリテラシーが求められるのである。

2　インターネットで狭まる視界

こうした変化は、グーグルマップに限らず、ウェブ利用に共通する特徴でもあり、インターネットによって変わりつつある知のあり方に警鐘を鳴らす研究者は少なくない。たとえば、政治学者のレッシグ[*2]は、環境管理型権力としてのインターネットのアーキテクチャに行動が規定されていることに対して、利用者自身が気付かないという危険性を指摘している。[*3]ここで、アーキテクチャはコードとも呼ばれ、人の振る舞いに影響を及ぼす四つの規制の様式（法律、規範、市場、コード）のうちの一つである。このうち、インターネットの文脈で最も重要な作用をもたらすのがコードだという。

そうした作用の一例が、フィルタリングという仕組みである。たとえば、ウェブの検索エンジンには学習機能が組み込まれていて、利用者の検索履歴に基づいて順位付けされた検索結果を表示するようになっている。これはアマゾン（Amazon.com）の商品検索の結果が、過去の検索履歴をもとに関連商品をリコメンド（推奨）するのと同様の原理に基づいており、協調フィルタリングという技術が用いられている。こうしてユーザの好みや意図を推測することにより、知らず知らずのうちにユーザは、予《あらかじ》めパーソナライズされフィルターにかけられた情報宇宙に取り巻かれることになる。そうした状態を、パリサー[*4]は「フィルターバブル」と呼んでいる。これによって、人々は興味関心のない情報から遠ざけられ、関心領域や視野が狭まることになる。

グーグルマップによる場所の検索も、ユーザの地理的関心を拡大するとは限らない。社会学者の松岡[*5]は、グーグルマップによって地図のあり方が「見わたす地図」から「導く地図」に変化したと述べている。たとえば、グーグルマップで目当ての場所をピンポイントで地図に表示すると、あとはGPSの位置情報利用をオンにしておけば、場所を移動しても自動的に現在地の近傍だけを表示してくれる。つまり、ユーザがウェブ地図の検索やナビゲーション機能を使うようになると、見たいものだけしか見なくなる。その結果、グーグルマップを使うことで、世界を広い視野から見渡す習慣が失われて、従来よりも視野を狭くしてしまうというのである。

3　空間認知の「グーグル効果」

また別の面では、グーグルのような便利な検索ツールの登場によって、人々は物事を覚えることをしなくなるという指摘もある。米国の心理学者スパロー[*6]たちは、オンラインで見つけることができる情報は、記憶されずに自動的に忘れられがちになる傾向を指して、「グーグル効果」と呼んでいる。これは、心理学者ウェグナー[*7]が「交換記憶（あるいは対人交流的記憶）」と呼んだものの一種と考えられる。交換記憶とは、集団で物事を記憶するあり方で、集団の各構成員は誰がその記憶を知っているかを覚えていればよい。たとえば、不案内な土地で人に道を尋ねたり、連れて行ってもらうという行為は、一種の交換記憶を使っていることになる。

グーグル効果は、記憶を委ねる相手を人間の代わりにインターネット上で蓄積されたクラウド情報に置き換えることで生じるのである。

とくに米国でミレニアル世代と呼ばれる1980年代～2000年代初めに生まれた若者たちは、生まれたときからウェブ技術に取り巻かれて育ったため、グーグル効果を受けやすいと考えられる。パウンドストーン[*8]は、米国のこの世代が国際学力テストの成績で低い順位にとどまっている原因の一つとして、グーグル効果を挙げている。たとえば、ナショナル・ジオグラフィック協会が米国の若者に行った調査では、回答者のうち18％がアマゾン川はアフリカにあると答えたり、20％がスーダンをアジアにあると思い込んでいるという結果が報告されている。一方で、架空の地図を用いて港の立地に最適な場所を答えさせると、高得点を挙げたという。これは、ミレニアル世代が持つ地理的知識が他の世代とは質的に異なっている可能性を示唆している。それが日本のミレニアル世代にあてはまるかどうかについては、そのメカニズムを含めて、さらに検討の余地がある。

パウンドストーンの著書の中で、グーグル効果の心理学的根拠として言及されているのが、「ダニング＝クルーガー効果」である。これは、無知な人ほど自分の能力を過大評価する傾向を指している。たとえば、インターネットで検索すれば大量の情報が手に入るため、自分が物知りだと過信してしまうことがある。しかし、実際には前述のフィルターバブルによって、限られた範囲の情報しか検索されないため、偏《かたよ》った知識が形成されることになる。つまり、インターネットがもたらした見かけ上の有能さは、無知な人間から新しい知識や能力を得る機会を奪うことにつながるともいえる。

一方で、コンピュータの使い方さえわかれば、検索して探せるような知識は覚える必要はないと割り切る立場もあるかもしれない。交換記憶という概念を考えたウェグナーたちは、グーグルなどのクラウド化された記憶に頼ることを、決して悲観的に捉《とら》えているわけではない。むしろ、記憶の束縛から解放されて知的リソースを広げることで、従来なしえなかったことが可能になるかもしれないと彼らは考えていた。

こうした記憶のアウトソーシングによって脳内のリソースを有効利用できるという楽観的な見方に対して、ニコラス・カー[*9]は、神経科学や心理学の研究をふまえて否定的な見解を示している。楽観主義者の誤りとして彼が指摘したのは、コンピュータのメモリーと生物学的メモリーの違いを理解していない点である。たとえば、ハードウェアの制約を受けるコンピュータのメモリーとは違って人間の記憶では、思考のために一時的に情報を貯蔵する作動記憶にこそ容量の制限はあるものの、長期間保持される長期記憶は無限ともいえる拡張性を持つという。作動記憶から長期記憶に情報を移動して記憶を持続させるためには、入ってくる情報に注意を払って深く処理する必要があるが、ウェブの大量な情報にさらされると、こうしたプロセスが働きにくくなるという。

また、クラウド化された知識に頼り切ってしまうと、アイディアを思いついたり、新たな問いをたてることもできなくなる恐れもある。[*10] 新しい発想に至るには、疑問を抱いたりそれを解くための最低限の知識が必要と考えられるからである。また、地名や位置などを含む現実世界についての必要最低限の背景となる知識を持っていなければ、検索結果を鵜呑《うの》みにして間違った解釈にたどり着く恐れがある。

4 「ブラタモリ」がひらいた地図の楽しみ方

ウェブ地図の便利さと引き替えに失ったものを取り戻すための一つの方法は、地図と現地をつなげるリアルな体験を積み重ねることであろう。地図を持参してフィールドワークを行い、空間スケールを五感で感じ取ったり、地図にない情報を発見したりといった経験は、地図の楽しみ方を広げるだけなく、地理的知識を豊かにすることにつながるはずである。

２００８年からＮＨＫで放映されている「ブラタモリ」は、そうした地図やまち歩きの新しい楽しみを視聴者に伝えるのに一役買っている。とくに、従来は日陰者扱いされていた地理学、地質学、土木工学などの地面を対象とする地味な分野に世間の関心を向けさせるきっかけを与えたといえる。そのため、日本地理学会をはじめとするいくつかの関連学会は、この番組に対して表彰状を授与している。

放送開始からまもなく10年目を迎えようとしている「ブラタモリ」であるが、２０１５年に始まった第４シリーズでは、首都圏から全国へとロケ地を拡大し、それとともに視聴者も広がっていると予想される。これと類似したまち歩き番組は数多く存在するが、それらと「ブラタモリ」との大きな違いは、街の名所の表面的な解説や、店や飲食店の紹介があるわけではないのに、タモリと専門家が交わす自然な対話に基づく学術的な説明が魅力となっている点であろう。これが番組に奥深さを与え、見る側の知的満足感を高める効果がある。

この番組で小道具としてしばしば登場するのが、地形の起伏を表現した立体模型や陰影起伏図[*11]である。これらは、初歩的なＧＩＳソフトを使うスキルがあれば、素人でも比較的容易に制作できるものである。それを可能にしたのは、国土交通省や国土地理院など国の機関が進めてきたデジタル標高データの整備と公開がある。現在では、全国をカバーする約５ｍ間隔の格子点の標高を記録したデータがウェブで公開されており、それを使って陰影図などの地図を作製するためのフリーソフト（たとえばカシミール３ＤやＱＧＩＳなど）も簡単に入手できる。このデータでとられている標高点の間隔は、従来は数百ｍであったため、微地形の判読には使えなかったが、その間隔が狭まるにつれ、地形図の等高線では捉えきれないような地表の微細な起伏が把握できるようになった（図９－２）。これがまち歩きの楽しみを引き出す地図作りに貢献したことは間違いない。

これらの地理空間情報の整備とＧＩＳ技術の普及によって、新しい地図や地理空間情報の楽しみ方が生まれてきた。それは、陰影起伏図による地形表現を用いた東京地図研究社の「凸凹地図」や、土地の起伏を意識しながらまちを歩く活動を展開している各地の「スリバチ学会」

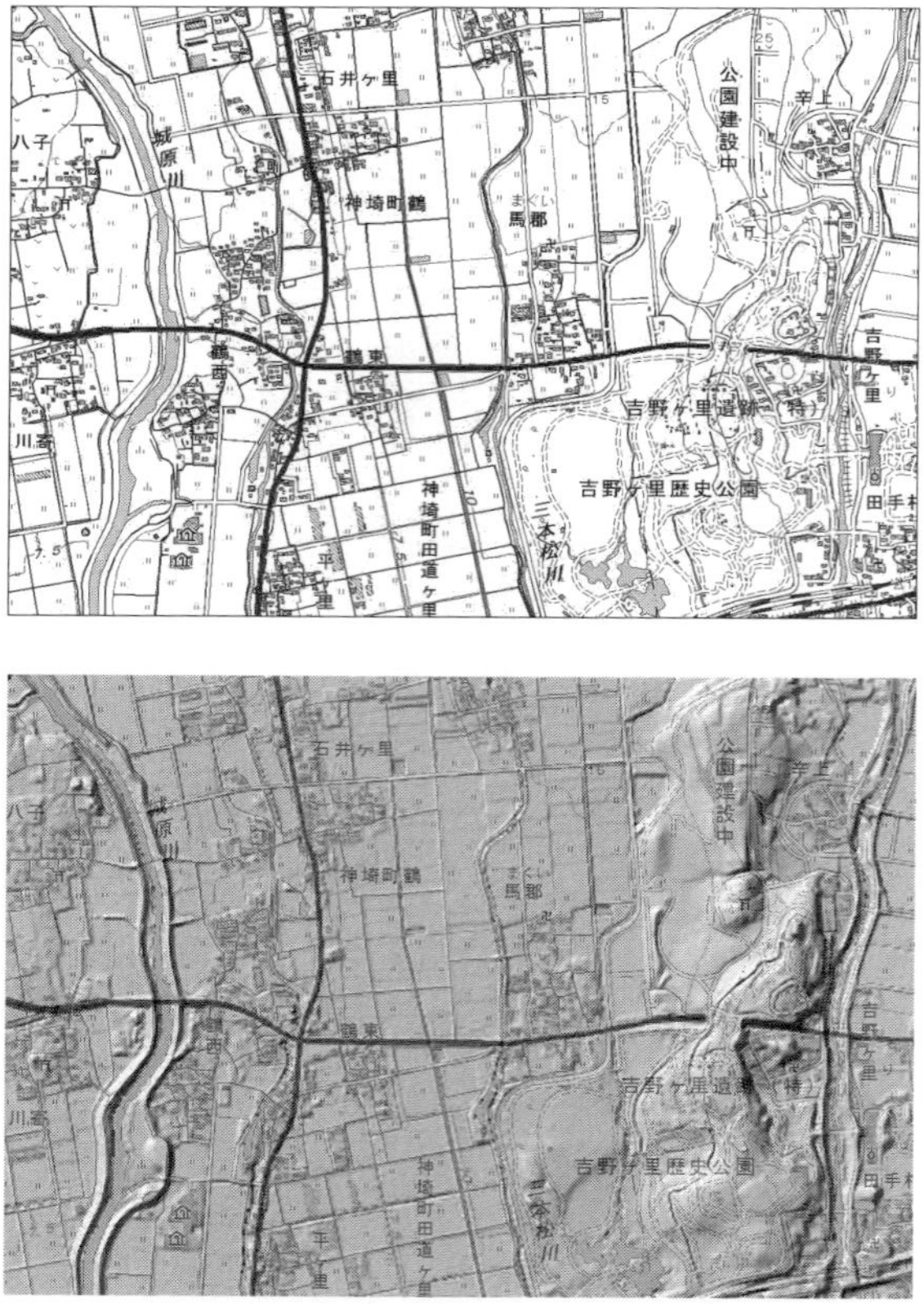

図9-2　等高線（上）と陰影図（下）による起伏表現。等高線が市街地に隠れたり、10m間隔の等高線では捉えきれない微地形の起伏を、陰影図では読み取ることができる（国土地理院の地理院地図より作製）

の設立などにつながったといえる。

そうした動きに関連して、日本各地での「地元学」[*12]の取り組みが注目される。これは、地域活性化のために、従来は新しい箱物施設を作ったり、大企業を誘致したりする〝ないものねだり〟を競っていたことへの反省から、地元に眠っている隠れた資源を発掘するための〝あるもの探し〟への発想の転換に端を発している。その主体はあくまでも地元住民であり、一つの手法としてまち歩きイベントなどが用いられてきた。「ブラタモリ」は、そうした活動の手本にもなるであろう。

5 「ブラタモリ」と空間的思考

「ブラタモリ」を企画したディレクターの回想録[*13]によると、この番組の狙《ねら》いは、「普段見ているはずなのに気付いていない街の隠れた姿を紹介することで、番組を見てくれた方の日常のモノの見方を変えて」いくことにあったという。そのために、すぐには答えを出さずに、次々と疑問を投げかけながら謎解きをしていくことで、視聴者を番組に巻き込んでいく工夫がこらされているという。これはアクティブラーニングの手法の一種といえるかもしれない。つまり、謎解きの結果だけでなく、そのプロセスのおもしろさを視聴者と共有することで、新たな問いに導いたり、自発的なまち歩きへとつなげることが可能になるのである。

一例として、「ブラタモリ」の秩父《ちちぶ》編の一場面をとりあげてみよう。埼玉県の秩父地方を訪

写真9-1　武甲山の山容（撮影：岡田昌彰）

れると、まず目に飛び込むのが、奇妙な形をした武甲山《ぶこうさん》の姿である。これは、明治期から本格化したセメント用の石灰岩の採掘によって形作られた人為的な山容に他ならない（写真9－1）。ここで、なぜここに石灰岩が存在するのかという問いが投げかけられる。ヒントとして、石灰岩は浅《せん》海《かい》に生育する珊瑚《さんご》の化石がもとになっていることが与えられると、秩父が内陸の関東山地に位置するにもかかわらず、地殻変動によって海底が隆起した場所であったことに思い至る。こうして、異なる時間と空間のスケールで思考をめぐらすことにより、眼前に広がる景色の成り立ちが理解されるのである。

このように、「ブラタモリ」の謎解きには、眼前の景色を成立させた背後のプロセスを理解させるために、異なる時代や、広域の空間スケールといった多様な視点から対象を眺める作業を伴うことが多い。そのための道具として、古地図や陰影起伏図などの地図や立体模型（レリーフマップ）が威力を発揮する。ウェブ地図の中にも、地理院地図のレイヤには過去の空中写真や陰影起伏図を表示する機能があり、「時層地図」[*14]や「今昔マップ on the Web」[*15]のように過去の地図と現在の地図を重ねて表示することができるアプリやウェブサイトも役立つはずである。

また、謎解きに用いられるロジックには、地理学や地質学の知識や科学的理論が含まれていることはいうまでもない。このプロセスには、第６章で述べた空間的思考の三つの要素も含まれている。それは、景色を対象化して地図に対応付けるための空間的概念の利用、地図や模型による空間的表現、問いに答えるために既知の事実に基づいて未知の答えを導く空間的推論である。そのため、「ブラタモリ」は広い意味での地理学と地図の活用を啓発するのに大いに貢献しているといえる。

６　人工知能に奪われる地図作り

こうした実空間と地図を体験によって結び付けるような方法は、ある意味ではＩＣＴの最新技術の開発に逆行するものかもしれない。ＩＣＴ分野での最新の話題は、人工知能（ＡＩ）に向けられており、２０３０年頃には第４次産業革命が起こる可能性があるらしい。そうなれば、汎用《はんよう》人工知能が数多くの職業を消滅させて、経済構造を根本的に変革するといわれている。その中核になる技術がＡＩとロボットである。この動きに関連して、オックスフォード大学のフレイとオズボーン[*16]が２０１３年に発表した「雇用の未来」という論文がマスコミで話題になっ

表9-1　地図に関連する職種がコンピュータ化される確率

総合順位	確率（%）	職種
82	0.18	建築家
84	0.19	土木技師
143	5.70	旅行ガイド
161	8.20	グラフィックデザイナー
184	13.00	都市・地域プランナー
222	25.00	地理学者
262	38.00	測量士
346	63.00	地球科学者
515	88.00	地図作製者・写真測量技師
531	89.00	タクシー運転手
546	91.00	ツアーガイド
635	96.00	測量・地図技能者

出典：Frey and Osborne（2013）の付表をもとに作成

ている。この論文は７０２種類の職種について、近い将来ＡＩやロボットによって仕事を奪われる可能性を数値化して推計したものである。その結果、現存する雇用のうち47%が10〜20年以内に消滅するというショッキングな報道がなされたため、世間の注目が高まった。表９−１は、その論文の中から地図の作製や利用に関連のある職種の消滅可能性を抜き出したものである。

ここで、高い確率で消滅の危機が予想されるのは、測量・地図技能者が96%、地図作製者・写真測量技師が88%となっている。これは、地図のデジタル化を支えるリモートセンシング（遠隔探査）やＧＩＳ技術の進歩によって、地図製作の省力化と自動化が進められるためだと考えられる。また、タクシー運転手やツアーガイドなども80%を超える確率で消滅が予想されているが、これはナビゲーションシステムや自動運転技術の進歩によるものとみられる。

これに対して地理学者は、消滅可能性25％と比較的低い値となっている。その理由としては、地理学者が地図を利用して新たな発見をもたらしたり、課題を解決したりするという点で、高度な地図の読み書き能力（リテラシー）を必要とする職種であることが考えられる。この論文で比較的消滅しないとされた職種に共通する特徴は、高度な創造性や社会的コミュニケーションを必要とする点であった。そのため、消滅可能性の小さい職種には、科学技術や芸術分野の専門家だけでなく、小学校・幼稚園の教諭など対人的で非定型的なスキルが必要な職種も含まれている。ただし、これはあくまでも仕事内容が技術的に機械で代替可能かどうかについて職種を評価しているだけで、それぞれの職種に必要な技能を個別に評価したわけではなく、将来の需要を予測しているわけではないことに注意が必要である。

7　人工知能は地図を読めるか？

ここで、地理学者の専門的スキルとしての地図の読図を捉え直すために、ＡＩが地図を読めるかどうかを考えてみよう。とりあげる事例は、２０１１年に国立情報学研究所が開始した「ロボットは東大に入れるか」プロジェクトで開発が進められたＡＩ「東ロボくん」である。[*17] 東ロボ君は、２０１６年にはセンター試験模試で総合偏差値が50を超える成績を残したものの、東大合格は困難と判断されたため、プロジェクトは一旦凍結されることとなった。東ロボ君には卓抜な計算力と暗記力があるとはいえ、文脈を踏まえた問題文の意味の理解が困難なことがわかり、これ以上の点の伸びが現状では期待できないことがプロジェクト凍結の理由として挙げられている。

残念ながら東ロボ君が受験した入試科目に地理は含まれていないが、おそらく地図を使った読図問題をＡＩが解くのは至難の業《わざ》に違いない。もちろん、記号をパターンとして記憶させてその意味を答えさせるような単純な質問なら解答できるだろう。また、リモートセンシングでも使われている画像解析の技術をさらに進めて、機械学習を応用すれば、ある程度までの地図上のパターンは判断できるかもしれない。しかし、通常の入試の地図読図問題を解くには、もっと複雑で高度な推論が必要となる。

地図は現実を抽象化した記号によって構成されており、記号とその指示物との関係を理解するのが読図の第一歩である。そうした記号を通して情報を伝達できるのは、「象徴を操る動物としての人間[*18]」だけだとすれば、人間以外の動物には地図が何を表しているのかは理解できないであろう。

これをＡＩに置き換えて考えてみると、記号と指示物の対応付けだけならＡＩで処理することはできるかもしれない。けれども、それだけでは地図を読んだことにはならない。たとえば、等高線で場所の標高がわかったとしても、そのパターンを理解できなければ、地形を読みとったことにはならない。つまり、第３章で述べたように、地図記号の組み合わせから推測される地表の状態を地理的概念で捉えることができなければ、大学入試の読図問題の多くは解けないはずである。

最近では、新しい学力の指針としてOECD（経済協力開発機構）が提案したPISA型学力が注目されているが、その評価基準は知識や技能を実生活の様々な場面で直面する課題に活用できるかにある。もしPISA型学力を測る試験問題を作るなら、それは文脈理解や状況判断が要求される問題解決型の内容になるが、それはAIが最も苦手とするタイプの出題になる。[*19]つまり、新しい時代の学力を測るとすれば、AIが解けるような試験問題を出題しても意味がないのである。

ただし、これは視覚的に表現された地図に限った場合である。第7～8章で述べたように、デジタル化によって地図の貯蔵形態と表現とが分離された結果、GISでは、必ずしも地図の形式で視覚化せずにデジタルデータのまま地理空間情報を直接処理することが一般的になっている。その結果、道案内などに機能を限定すれば、カーナビのように実用に耐えられる技術がすでに開発されており、それを応用した自動運転技術にAIが組み込まれるのもそう遠くないことかもしれない。

こうした特定の目的のために設計されたAIは、西垣[*20]がいうところの知能増幅装置となり、人間の行動や思考を支援する役目を果たすであろう。このタイプのAIは、精神が宿る「強いAI」ではなく、「弱いAI」と呼ばれるものであるが、それは人間の作業を補完することはあっても職業を奪うことにはならないはずである。[*21] つまり、弱いＡＩとしての新しい地理空間情報技術は、地図の作製者・利用者にとって道具として作業の一部を自動化したり効率化するとしても、人間に取って代わることはない。あるいは、新技術を使った新しい職が生まれるかもしれない。そう考えれば、ＡＩの進化を驚異とみて悲観的に捉える必要はない。むしろ、新しい技術を使って、より高度な地図・地理空間情報の利用法を考えるのは、創造性を持った人間に与えられた課題であり続けるはずである。新しい時代の地図を作製して問題解決に活用する仕事には、新技術を使いこなす新たなスキルと知恵が求められるのである。

［注］

*1 日本地理学会「ＧＩＳと社会」研究グループ集会での国立環境研究所の研究員の三島啓雄氏の報告による（２０１７年9月29日）。

*2 レッシグ（2007）

*3 濱野（2015）

*4 パリサー（2016）

*5 松岡（2016）

＊6　Sparrow et al（2011）
＊7　Wegner（1987）、ウェグナー&ウォード（2014）
＊8　パウンドストーン（2017）
＊9　カー（2010）
＊10　野口（2016）
＊11　左上の方向から地表面に向かって光を当てて、地表面の凹凸が立体的に見えるように工夫された地図。
＊12　吉元（2008）
＊13　尾関（2013）
＊14　一般財団法人日本地図センターが提供している iPhone、iPad 用のアプリで、２０１７年11月時点で東京版と横浜版がある。
＊15　埼玉大学教育学部の谷謙二氏が提供しているツールで、大都市圏と東北地方太平洋岸の旧版地形図が閲覧できる（http://ktgis.net/kjmapw/）。
＊16　Frey and Osborne（2013）
＊17　http://21robot.org/
＊18　カッシーラー（1953）
＊19　新井・尾崎（2017）

*20　西垣（2016：203）

*21　松田（2017：178）

終章　進化する地図と人間の未来

20世紀の終盤から、地図に関する図書が多数出版されてきている。その中には、一般向けのタイムリーな主題図を多数収めた「情報地図帳」[*1]、地図史上の著名な地図を掲載して解説を加えた地図集[*2]、微地形を陰影図で表現したまち歩きの解説書[*3]などがある。こうした出版が増えた背景の一つとして、グローバル化が進んで変化も激しい内外の政治・経済情勢を地図で確認したいという欲求が高まったことが考えられる。他方で、地元学の流行やまち歩きの流行にみられるようなローカルな地域への関心の高まりもあるだろう。また、これらの出版を技術面で支えているのは、地図がデジタル化されて主題図や立体地図の作製が容易になったこと、ウェブ地図やカーナビの普及で地図が身近になり、一般の人々が地図に接する機会が増えたことがある。

一方、より専門的な地図に関する学術書・啓蒙《けいもう》書でも、従来から多かった地図学・地理学以外の分野で地図に関連した出版が増えている。たとえば、本書の第4章でもとりあげたように、心理学では方向オンチや道迷いと地図利用を関連づけた図書[*4]、社会学では地図を通して社会と空間の関係を捉《とら》え直す試み[5]のほか、地政学を意識しながら国際情勢を地図で解説したもの[6]などがある。そのほか、GISに関する解説書[7]では、地理空間情報の視覚化手段としての地図について、ほぼ例外なく一定のページが割かれている。こうした動きは、地図に関わる研究分野が広がったことを意味している。

しかし、同じく地図を対象にしながらも、これらの分野の間で視点や関心、とりあげる地図の種類が異なるため、相互の関連づけは十分になされていない。つまり、地図に関心を寄せる分野の間をつないで、より広範な視野から地図と人間の関係を考えるという試みは、これまでほとんどなされていないのである。同時代に同じ地域で起きていることの間には、何らかの関連性があるとすれば、それら相互の関係とその根底にある背景を解き明かすには、分野横断的な視点から生態的・文脈的な思考が求められる。筆者がこれまで取り組んできた、メンタルマップと空間認知、デジタル化と地図利用の変化、参加型GIS／地図作製といったテーマは、既成の地図学ではマージナルな位置づけにはなるが、異分野にまたがる地図への関心を結び付けるのにはむしろ有効な切り口となると考えられる。

そこで本書は、人間の空間認知を軸にして、デジタル化の進展という技術的背景をふまえつつ、地図と人間の関わりの変化を捉え直すことを試みた。いい換えると、デジタル化によって地図とその利用に何が変わって何が変わらないかを明らかにすることが、本書のねらいであった。そのために、第1部では岩に描かれた線刻画から始まって、地図が様々に進化を遂げてきたようすを見てきた。とくに20世紀終盤からのデジタル化による変化の大きさは、地図の概念や利用の仕方を大きく変えつつある。しかもそれは、ここ10年足らずの間に急激に進行しているのである。おそらく、２００５年のグーグルアース／マップの登場は、地図史の転換点として後世に語り継がれるであろう。そう考えると、この間の変化は、進化（evolution）というよりも革命（revolution）と呼ぶべき事態なのかもしれない。

しかし、デジタル化によって地図の素材や表現の多様性は高まったとはいえ、原寸大の地図に関する寓話を持ち出すまでもなく、地図のサイズや形態によって使い勝手も用途も違ってくることに変わりはない。つまり、地理空間情報としては地図の縮尺が持つ意味は変化したものの、利用する人間との関わりでみると、依然として縮尺は地図に表された現実を読み手が想像するのに大きな影響を与えるのである。

一方、地図を使う人間と社会との関わりに眼を向けると、地図の役割の根本は、常に「何がどこにあるか」を表現することに変わりがなかったことも改めて確認できた。ただし、地図の利用者層という観点から考えると、前近代の地図の多くはごく限られた人たちしか使うことがなく、一般庶民に広く使われるようになってからの歴史はそれほど長くないともいえる。ブロトン[*8]が指摘したように、近代以前の地図の多くは一般人の眼に触れることがなかったために、人々の世界観に与えた影響は意外に小さかったかもしれない。これに対して、誰もが場所を問わず地図にアクセスできる環境が整備された現代は、地図利用の面からみて画期的な時代なのである。そのため、現代の地図のあり方の変化は、人々の世界像を大きく変える可能性がある。

世界像を形作る基礎には人間の空間認知がある。第2部で述べたように、そもそも人間の空間認知能力は、生得的な側面もあるとはいえ、時代や地域によって異なる地図の生産や流通の仕方に影響を受ける。このため、社会的・文化的環境の作用も無視できない。

そもそも人間は、五感で把握できない広い世界を知るために、自ら道具として発明した地図を使うようになったと考えられる。これは他の動物と人間との大きな違いである。[*9] 空間的能力に対する生得的要因と環境要因の影響については、第4章でとりあげた男女差にみられるように、明確に分けるのは難しい面がある。とはいえ、第5章で述べたように、神経生理学的研究などによって、空間認知の仕組みは徐々に明らかにされつつある。一方、社会との関わりという点では、地図を用いた空間的思考は、学術分野だけでなく、感染症対策、防災、犯罪抑止など様々な社会的問題の解決に欠かせない道具となってきたことは、第2章や第6章で述べたとおりである。

こうした地図と人間の関わりがデジタル化によってどのような影響を受けるかを検討したのが第3部である。デジタル化によって様々な地図表現が可能になり、その内容も利用者がカスタマイズすることが容易になって、いつでも／どこでも最新の地図にアクセスできる環境が整備されてきたことは確かである。ただし、それによって人間の空間認知が影響を受けることも忘れてはならない。たとえば、第9章で言及したグーグル効果と呼ばれるＩＣＴ利用につきもの落とし穴が、空間認知にも当てはまる可能性がある。

とはいえ、これからも地図は様々に進化してゆき、技術が人間の認知に歩み寄って、空間認知を補完する新たなツールが開発されることになるだろう。あるいは、人間の空間的能力を代替するＡＩが生み出され、地図の製作も利用もコンピュータが肩代わりする日が到来するかもしれない。しかし、地図の利用については、読図がきわめて複雑なメカニズムを含んでおり、ＡＩで代替するのは容易ではないと思われる。

とくに、地図を読み取って様々な問題解決につなげていくためには、単にデータに基づいて事実を予測するだけでなく、与えられた情報を批判的に読み解いた上で、高度な判断が求められるであろう。そのときたどるべきステップの一つが、地図を通して読み解いた現実世界について問いをたて、それを解く作業である。もし地図の読み手が、「ここはどこ」から「なぜここに」という問いに進んだとすれば、必然的に地理学の世界に足を踏み入れることになる。そこで展開される高度な空間的思考は、もはやＡＩで肩代わりするのは困難であろう。

しかし、ＡＩと人間、デジタルとアナログというように二項対立で問題を捉えることは不毛な議論につながる恐れがある。ＡＩにせよデジタル地図にせよ、人間が生み出した新しい技術であるから、従来の知的作業の一部を支援する道具として考えれば、これらを対立的に捉える必要はない。むしろ人間に求められるのは、地理空間情報を使いこなすために、新技術に対するリテラシーやスキルを磨くことであろう。そのとき地図は、地理空間情報の表現手段の一つとして、重要な役割を果たすはずである。時代とともに変化する環境に適応していくこと、それ自体が進化を生み出す原動力になるのである。

［注］

＊1 たとえば、昭文社が発行している『なるほど知図帳』シリーズがある。

＊2 ガーフィールド（2014）、ブロットン（2015）、ブロトン（2015）、ルーニー（2016）など。

＊3 東京地図研究社（2014）、皆川（2012）など。

＊4 村越（2013）、エラード（2010）、新垣・野島（2001）、ピーズ＆ピーズ（2000）など。

＊5 松岡（2016）、若林幹夫（2009）など。

＊6 ヴィクトルほか（2007）など。

＊7 浅見ほか（2015）、岡部（2001）、矢野（1999）など。

＊8 ブロトン（2015：527）

＊9 ただし、動物は人間に理解できない別種の地図を使っているという見方もできる。たとえば、ミツバチの尻振りダンスが蜜源の方向と距離を表すという点で、地図に似た機能を持つことがフリッシュ（1997）によって明らかにされている。

あとがき

本書は、筆者が単著として執筆した2冊目の図書で、１９９９年に刊行した『認知地図の空間分析』の続編という性格を持っている。残念ながら同書は、出版社の廃業により絶版となってしまい、かねてよりその後の研究動向をフォローした続編や、一般向けの解説書を書きたいという思いを抱いていた。そうした折りに、創元社から本書の執筆のお誘いをいただき、引き受けることにしたのが２０１６年の秋のことである。

ちょうどこの年は、国際地図年にあたっており、世界各地で開催される地図の普及・啓蒙《けいもう》のための企画にあやかるために、２０１６年に書き上げるつもりであった。また、この年は大学からサバティカルをいただいて、数カ月をヨーロッパで過ごす機会があり、自由な研究の時間を使って仕上げる計画を立てていた。しかし、なるべく専門用語を使わずに、かつ教科書的でないスタイルで執筆するというリクエストを編集者からいただき、学術論文や専門書の執筆とは勝手が違って、いざ執筆に取りかかると思いのほか筆が進まなかった。そのため完成には予想以上の時間がかかってしまったが、これまで根気強く原稿を待っていただき、適切な助言をくださった編集部の小野紗也香さんには、この場を借りて謝意を表したい。

本書の内容は、私の本務校と法政大学文学部で担当している地図学の講義内容をベースにしながら、いくつかの講演の機会や公開講座などでとりあげた話題がもとになっている。また内容の一部には、過去に発表した原稿を加筆修正した箇所がある。おもな初出文献は、以下の通りであるが、掲載にあたって大幅な修正を加えたため、ほとんど原形をとどめない文章になっている。

第3章：「地図でウソをつく方法」（菊地俊夫・岩田修二編 2005.『地図を学ぶ』二宮書店、pp. 39-48）

第4章（前半）：「認知地図の多様性と個人差の要因」（若林芳樹 1999.『認知地図の空間分析』地人書房、pp. 210-215）

第4章（後半）：「女性のための地図―『Link!Link!』を事例として―」（村越真・若林芳樹編著 2008.『ＧＩＳと空間認知―進化する地図の科学』古今書院、pp. 141-143）

第5章：「メンタルマップと文化」（中俣均編 2011.『空間の文化地理』朝倉書店、pp. 44-68）

本書に盛り込んだ題材の多くは、科学研究費の共同研究や、日本地図学会や地理情報システム学会など関連学会で得たアイディアがもとになっており、とりまとめにあたっては、科学研究費・基盤研究A「人と社会の側からみた地図・地理空間情報の新技術とその評価」(課題番号：17H00839)の一部を使用した。全員のお名前を挙げるのは差し控えるが、共同研究者の方々には、この場を借りて深く感謝いたします。とくに日本地図学会会長の森田喬先生(法政大学名誉教授)からいただいた、内外の地図学についての幅広い知識や鋭い洞察は、筆者にとって大きな刺激となっており、本書の一部にも取り入れさせていただいた。また、2016年のサバティカル期間中に訪れたヨーロッパでの経験は、本書の着想を得るのに、なにものにも代えがたい貴重なものとなった。留守中の学内業務でご迷惑をおかけした首都大学東京地理学教室のスタッフの方にも御礼を申し上げたい。

なお、当初予定していた話題の中で、全体のバランスや紙数の関係で盛り込めなかったものがいくつか残っている。その一つは、ツイッター(Twitter)などのSNSのログに付けられた位置情報を用いて地図を作製する取り組みで、いわゆるビッグデータの視覚化が海外の地図学では盛んになっている。また、本書の第7章で触れた参加型地図・GISの取り組みも、先進国だけでなく発展途上国の農村部にまで広がり、地域振興のための活動などに活用されている。これについては、若林ほか編(2017)でも紹介しているので、併せてご参照いただきたい。このほか、国際情勢を図示した地図と地政学との関わりについても、検討するべき話題は少なくない。また、地図が持つアートとしての側面についても、ICA(国際地図学協会)内に研究グループが発足しており、関心が高まっている。これらについては、別の機会に改めてとりあげてみたい。

こうした地図をめぐる新しい話題については、日本地図学会や地理情報システム学会の行事や機関誌、あるいは国際地図学会議（ＩＣＣ）の会合に参加すれば、いろいろな情報を得ることができる。このうちＩＣＣは、２０１９年の7月に日本へ39年ぶりに招致することが決定し、東京の日本科学未来館で開催されることになっている。私もその組織委員として準備のお手伝いを担当しているが、この大会が地図学の最先端の技術や研究成果を内外に広く紹介する絶好の機会になるものと期待している。本書がそのためのささやかな手引きとなることができれば、筆者にとって望外の喜びである。

最後に、厳しい出版事情の中で本書の刊行を引き受けていただいた創元社編集部の皆様に御礼を申し上げたい。

２０１７年11月12日

落ち葉舞う南大沢キャンパスの研究室にて

若林芳樹

索引

A-Z

あ・い

う・え

お

か・き

く

け・こ

な・に・の

は

ひ・ふ

へ

ほ

ま・み

め

ゆ・よ

ら・り・る・れ・ろ

文献一覧

浅見泰司・矢野桂司・貞広幸雄・湯田ミノリ編 2015.『地理情報科学―GISスタンダード』古今書院.
天ヶ瀬正博 2000. 地図の向きに関する諸問題. 国際交通安全学会誌 25：226-234.
新井紀子・尾崎幸謙 2017. デジタライゼーション時代に求められる人材育成. NIRAオピニオンペーパー. 31：1-10.
新井康允 1997.『男脳と女脳こんなにちがう』河出書房新社.
アンダーソン, C. 著, 篠森ゆりこ訳 2014.『ロングテール：「売れない商品」を宝の山に変える新戦略』早川書房.
アンダーソン, B. 著, 白石 隆・白石さや訳 1997.『想像の共同体：ナショナリズムの起源と流行』NTT出版.
池上嘉彦 1984.『記号論への招待』岩波書店.
今井 修 2009. 市民参加型GIS, コミュニケーションとGIS. 村山祐司・柴崎亮介編『シリーズGIS 3 生活・文化のためのGIS』67-81. 朝倉書店.
ヴィクトル, J-C. ほか著, 鳥取絹子訳 2007.『地図で読む世界情勢 第1部, 第2部』草思社.
ウィルフォード, J.N. 著, 鈴木主税訳 2001.『地図を作った人びと 改訂増補』河出書房新社.
ウェグナー, D.M., ウォード, A.F. 2014. グーグル効果：ネットが変える脳. 日経サイエンス 2014年3月号：56-60.
梅田望夫 2006.『ウェブ進化論』筑摩書房.
エラード, C. 著, 渡会圭子訳 2010.『イマココ―渡り鳥からグーグル・アースまで, 空間認知の科学―』早川書房.
大田区産業経済部観光課 2010.『大田区観光案内サイン計画』大田区.
オーブンデン, M. 著, 鈴木和博訳 2016.『世界の美しい地下鉄マップ』日経ナショナルジオグラフィック社.
岡部篤行 2001.『空間情報科学の挑戦』岩波書店.
尾関憲一 2013.『時代をつかむ！ ブラブラ仕事術』フォレスト出版.
織田武雄監修, 中務哲郎訳 1986.『プトレマイオス地理学』東海大学出版会.
カー, N.G. 著, 篠儀直子訳 2010.『ネット・バカ―インターネットが私たちの脳にしていること』青土社.
ガーフィールド, S. 著, 黒川由美訳 2014.『オン・ザ・マップ―地図と人類の物語』太田出版.
貝塚爽平監修 1996.『明治前期・昭和初期 東京都市地図 2. 東京北部』柏書房.
カッシーラー, E. 著, 宮城音弥訳 1953.『人間―この象徴を操るもの』岩波書店.
カドモン, N. 著, 国土地理院訳 2004.『地名学』財団法人日本地図センター.

金窪敏知 2001. 果たして地図の歴史は文字の歴史より古いか?―世界最古の地図―. 地図 39（3）：1-9.
北岡敏信 2002.『ユニバーサルデザイン解体新書』明石書店.
キムラ, D.著, 野島久雄・三宅真季子・鈴木眞理子訳 2001.『女の能力, 男の能力―性差について科学者が答える―』新曜社.
キャロル, L.著, 高橋康也訳 2007.『スナーク狩り』新書館.
空間認知の発達研究会編 1995.『空間に生きる－空間認知の発達的研究』北大路書房.
ケトレー, A.著, 平 貞藏, 山村 喬訳 1940.『人間に就いて（上・下）』岩波書店.
神武直彦・関 治之・中島 円・古橋大地・片岡義明 2014.『位置情報ビッグデータ』インプレスR&D.
国土交通省道路局企画課監修 2003.『地図を用いた道路案内標識ガイドブック』大成出版社.
ジョンソン, S.著, 矢野真千子訳 2007.『感染地図』河出書房新社.
白幡洋三郎 1996.『旅行ノススメ』中央公論社.
新垣紀子・野島久雄 2001.『方向オンチの科学』講談社.
鈴木康弘編 2015.『防災・減災につなげるハザードマップの活かし方』岩波書店.
竹内謙彰 1998.『空間認知の発達・個人差・性差と環境要因』風間書房.
田代 博 2016.『地図がわかれば社会がわかる』新日本出版社.
田中富久子 1998.『女の脳・男の脳』日本放送出版協会.
田中雅大 2017. ボランタリー組織による地図作製活動を通じた視覚障害者の外出支援. 若林芳樹・今井 修・瀬戸寿一・西村雄一郎編著 2017.『参加型GISの理論と応用』133-137. 古今書院.
寺田寅彦著, 小宮豊隆編 1948.『寺田寅彦随筆集　第五巻』岩波書店.
トゥアン, Y-F. 著, 山本 浩訳 1988.『空間の経験』筑摩書房.
東京地図研究社編著 2014.『地形のヒミツが見えてくる　体感!東京凸凹地図』技術評論社.
戸崎 肇 2008.『タクシーに未来はあるか』学文社.
中山修一 1991.『地理にめざめたアメリカ』古今書院.
西岡尚也 2007.『子どもたちへの開発教育―世界のリアルをどう教えるか―』ナカニシヤ出版.
西垣 通 2016.『ビッグデータと人工知能』中央公論新社.
ニューカム, N. 2013. 科学を重要視する―空間的能力の性差についての論理的な考察. セシ,S.J.・ウィリアムズ, W.M. 編, 大隅典子訳『なぜ理系に進む女性は少ないのか?―トップ研究者による 15 の論争―』109-122. 西村書店.
野口悠紀雄 2015.『知の進化論―百科全書・グーグル・人工知能―』朝日新聞出版.
パーカー, A.著, 渡辺政隆・今西康子訳 2006.『眼の誕生：カンブリア紀大進化の謎を解く』草思社.
パウンドストーン, W.著, 森 夏樹訳 2017.『クラウド時代の思考術』青土社.
ハフ, D.著, 高木秀玄訳 1968.『統計でウソをつく法』講談社.

濱野智史 2015.『アーキテクチャの生態系−情報環境はいかにして設計されてきたか』筑摩書房.
パリサー, E.著，井口耕二訳 2016.『フィルターバブル−インターネットが隠していること』早川書房.
バルト, R.著，宗 左近訳 1996.『表徴の帝国』筑摩書房.
ピーズ, A.・ピーズ, B.著，藤井留美訳 2000.『話を聞かない男，地図が読めない女—男脳・女脳が「謎」を解く』主婦の友社.
久武哲也・長谷川孝治編 1993.『改訂増補　地図と文化』地人書房.
二口絵里子・宮澤 仁 2004. バリアフリー・マップの現状と下肢不自由者の情報要求からみたその有用性. 地図 42（3）：1-10.
藤田尚文・野地照樹 2008. 人間の経路統合における方位の体系的逸脱について. 認知科学 15：689-694.
ブラック, J.著，関口 篤訳 2001.『地図の政治学』青土社.
フリッシュ, K. 1997.『ミツバチの生活から』筑摩書房.
ブロットン, J.著，齋藤公太ほか訳 2015.『地図の世界史大図鑑』河出書房新社.
ブロトン, J. 著，西澤正明訳 2015.『世界地図が語る 12 の歴史物語』バジリコ株式会社.
ボードリヤール, J.著，竹原あき子訳 1984.『シミュラークルとシミュレーション』法政大学出版局.
堀 淳一 1997.『一本道とネットワーク』作品社.
ボルヘス著，篠田一士訳 2011.『砂の本』集英社.
松岡慧祐 2016.『グーグルマップの社会学—ググられる地図の正体—』光文社.
松田雄馬 2017.『人工知能の哲学』東海大学出版会.
皆川典久 2012.『凸凹を楽しむ　東京「スリバチ」地形散歩』洋泉社.
宮澤 仁 2005.「バリアマップ」で可視化する障壁に満ちた都市空間. 宮澤 仁編著『地域と福祉の分析法』59-79. 古今書院.
村越 真 1995. 1/25,000 地形図からの現実推測能力の心理学的検討. 地図 33（1）：1-6.
村越 真 2013.『なぜ人は地図を回すのか—方向オンチの博物誌』角川書店.
村越 真・若林芳樹編著 2008.『GISと空間認知』古今書院.
村山祐司 2008. GIS—地理情報システムから地理情報科学へ—. 村山祐司・柴崎亮介編『シリーズGIS　1　GISの理論』10-16. 朝倉書店.
モリソン, P.ほか編著，村上陽一郎・村上公子訳 1983.『Powers of ten：宇宙・人間・素粒子をめぐる大きさの旅』日本経済新聞社.
森田 喬 1999.『神の眼・鳥の眼・蟻の眼』毎日新聞社.
モンモニアM.著，渡辺 潤訳 1995.『地図は嘘つきである』晶文社.
柳田国男 1930.『蝸牛考』刀江書院.
矢野桂司 1999.『地理情報システムの世界』ニュートンプレス.
山田 肇 2005. 情報アクセシビリティとは何か. 山田 肇編著『情報アクセシビリティ』1-48. NTT出版.
吉元哲郎 2008.『地元学をはじめよう』岩波書店.

リンチ, K. 著，北原理雄訳 1980.『青少年のための都市環境』鹿島出版会.
ルーニー, A. 著，高作自子訳 2016.『地図の物語』日経ナショナルジオグラフィック社.
レッシグ, L. 著，山形浩生訳 2007.『CODE vesion 2.0』翔泳社.
若林幹夫 2009.『増補　地図の想像力』河出書房新社.
若林芳樹 1999.『認知地図の空間分析』地人書房.
若林芳樹 2003. 大学生の地図利用パターンとその個人差の規定因．地図 41（1）：26-31.
若林芳樹 2009. 犯罪の地理学―研究の系譜と課題―．金沢大学文学部地理学教室編『自然・社会・ひと―地理学を学ぶ』281-298. 古今書院.
若林芳樹 2013. 東京のタクシー運転手の空間認知とナビゲーション．心理学ワールド 63 : 23-24
若林芳樹 2014. ウェブマップの利用パターンとその個人差の規定因．第 23 回地理情報システム学会学術研究発表大会講演論文集 Vol. 23（CD-ROM）.
若林芳樹 2015. 空間的思考とGIS．浅見泰司・矢野桂司・貞広幸雄・湯田ミノリ編『地理情報科学―GISスタンダード』16-21. 古今書院.
若林芳樹・今井　修・瀬戸寿一・西村雄一郎編著 2017.『参加型GISの理論と応用』古今書院.
若林芳樹・小泉　諒 2012. 探索的空間データ解析のための地理的可視化ツールの応用―東京大都市圏の人口データへの適用事例―．地図 50（2）: 3-10.
若林芳樹・永見洋太・伊藤修一 2009. 東京におけるタクシー運転手の地理空間情報利用と空間認知．地理情報システム学会学術研究発表大会講演論文集 18：445-448.
Battersby, S. E. and Montello, D. R. 2009. Area estimation of world regions and the projection of the global-scale cognitive map. *Annals of the Association of American Geographers* 99 : 273-291.
Blades, M. and Spencer, C. 1987. How do people use maps to navigate through the world?. *Cartographica* 24 (3) : 64-75.
Canter, D. and Tagg, S.K. 1975. Distance estimation in cities. *Environment and Behavior* 7 : 59-80.
Chang, K., Antes, J., and Lenzen, T. 1985. The effect of experience on reading topographic relief information : analysis of performance and eye movement. *Cartographic Journal* 22 : 88-94.
Chase, W. G. 1983. Spatial representations of taxi drivers. In *Acquisition of symbolic skills.* Eds. D. Rogers and J. A. Sloboda, 391-405. New York : Plenum.
Coluccia, E. and Louse, G. 2004. Gender differences in spatial orientation : a review. *Journal of Environmental Psychology* 24 : 329-340.
Cornell, E.H., Sorensen, A. and Mio, T. 2003. Human sense of direction and wayfinding. *Annals of the Association of American Geographers* 93: 399-425.
Crampton, J. 1992. A cognitive analysis of wayfinding expertise. *Cartographica* 29 : 46-55.
Evans, G.W., and Pezdek, K. 1980. Cognitive mapping : knowledge of real world

distance and location. *Journal of Experimental Psychology : Human Memory and Learning* 6 : 13–24.

Frey, C.B. and Osborne, M. A. 2013. The future of employment : How susceptible are jobs to computerisation?.
http://www.oxfordmartin.ox.ac.uk/downloads/academic/The_Future_of_Employment.pdf#search=%27frey+osborne+future+employment%27.

Gilhooley, K.J., Wood, M., Kinnear, P.R., and Green, C. 1988. Skill in map reading and memory for maps. *Quarterly Journal of Experimental Psychology*40 : 87–107.

Gilmartin,P.P. 1986. Maps, mental imagery, and gender in the recall of geographical information. *The American Cartographer* 13 : 335–344.

Gilmartin,P.P. and Patton,J.C. 1984. Comparing the sexes on spatial abilities : map-use skills. *Annals of the Association of American Geographers* 74 : 605–619.

Giraudo, M. G. and Peruch, P. 1988. Spatio-temporal aspects of the mental representation of urban space. *Journal of Environmental Psychology* 8 : 9–17.

Golledge,R.G. 1978. Learning about urban environment. In *Timing Space and Spacing Time vol.I : Making Sense of Time* Eds. Carlstein,T., Parkes,D. and Thrift,N.,76–98. London : Edward Arnold.

Golledge, R.G.,ed.1999. *Wayfinding Behavior.* Baltimore : Johns Hopkins University Press.

Golledge,R.G., Dougherty,V. and Bell,S. 1995. Acquiring spatial knowledge : survey versus route-based knowledge in unfamiliar environments. *Annals of the Association of American Geographers* 85 : 134–158.

Golledge,R.G., Ruggles,A.J., Pellegrino,J.W. and Gale,N. 1993. Integrating route knowledge in an unfamiliar neighborhood : along and across route experiments. *Journal of Environmental Psychology* 13 : 293–307.

Golledge,R.G. and Stimson,R.J. 1997. *Spatial Behavior : A geographic perspective.* Guilford : New York.

Goodchild, M. 2000. Communicating geographic information in a digital age. *Annals of the Association of American Geographers* 90 : 344–355.

Goodchild, M. F. 2007. Citizens as sensors : the world of volunteered geography. *GeoJournal* 69 (4) : 211–221.

Gould, P. and Pitts, F.R. eds. 2002. *Goegraphical Voices. Syracuse*: Syracuse UP.
グールド, P., ピッツ, F.編, 杉浦芳夫監訳 2008.『地理学の声』古今書院.

Hahmann, S. and Burghaldt, D. 2013. How much information is geospatially referenced? Networks and cognition. *International Journal of Geographical Information Science* 27 : 1171–1189.

Hanson, S. and Pratt, G. 1995. *Gender, Work, and Space.* London : Routledge.

Hart, R., and Berzok, M. 1982. Children's strategies in mapping the geographic-scale environment. *Spatial abilities : developmental physiological foundations.* Ed. Portegal, M.,147–169. New York : Academic Press.

Hart,R.A. and Moore,G.T. 1973. The development of spatial cognition. *Image and Environment : Cognitive mapping and spatial behavior,* Eds. Downs,R.M. and Stea,D., 246–288. Chicago : Aldine. ハート,R.A., ムーア,G.T. 1976. 空間認知の発達. ダウンズ,R.M., ステア,D.編, 吉武泰水監訳：『環境の空間的イメージ』266–312. 鹿島出版会.

Kitchin,R.M. 1996. Are there sex differences in geographic knowledge and understanding. *The Geographical Journal* 162 : 273–286.

Kitchin. R. and Blades, M. 2002. *The Cognition of Geographic Space.* London: I.B.Taurus.

Kulhavy, R.W., Pridemore, D.R. and Stock, W.A. 1992. Cartographic experience and thinking aloud about thematic maps. *Cartographica* 29 (1) : 1–9.

Kulhavy, R.W. and Stock, W.A. 1996. How cognitive maps are learned and remembered. *Annals of the Association of American Geographers* 86 : 123–145.

Lee, J. and Bednarz, R. 2009. Effects of GIS learning on spatial thinking. *Journal of Geography in Higher Education* 33 : 183–198.

Levine, M., Jankovic, I.N., and Palij, M. 1982. Principles of spatial problem solving. *Journal of Experimental Psychology : General* 111 : 157–175.

Lloyd, R. 1989. Cognitive maps : encoding and decoding information. *Annals of the Association of American Geographers* 79 : 101–124.

Lloyd, R., and Cammack, R. 1996. Constructing cognitive maps with orientation biases. In *The construction of cognitive maps,* Ed. Portugali,J., 187–213. Dordrecht : Kluwer Academic Publishers.

Longley, P. A., Goodchild, M.F., Maguire, D.J. and Rhind, D.W. 2005. *Geographic Information Systems and Science 2nd. Ed.*. Chichester : Wiley.

Loomis, J.M., Klatzky, R. L., Golledge, R.g. and Philbeck, J.W. 1999. Human navigation and path integration. In *Wayfinding Behavior.* Ed. Golledge, R.G., 125–151. Baltimore: Johns Hopkins University Press.

MacEachren, A.M. 1992. Application of environmental learning theory to spatial knowledge acquisition from maps. *Annals of the Association of American Geographers* 82 : 245–274.

MacEachren, A. M. 1995. *How Maps Work.* New York: Guiford Press.

Matthews, M.H.1992. *Making Sense of Place.* Maryland : Harvester Wheatsheaf, Barnes & Nobles.

McDonald, T.P. and Pellegrino,J.W. 1993. Psychological perspectives on spatial cognition. In *Behavior and Environment.* Eds. Gärling,T. and Golledge,R.G., 47–82. Amsterdam : Elsevier Science Publishers.

McNamara, T.P., Hardy, J.K. and Hirtle, S.C. 1989. Subjective hierarchies in spatial memory. *Journal of Experimental Psychology : Learning, memory and cognition* 15 : 211–227.

Miller,L.K. and Santoni,V. 1986. Sex differences in spatial abilities : strategic and experiential correlates. *Acta Psychologica* 63 : 225–235.

Moellerling, H. 1980. Strategies of real-time cartography. *The Cartographic Journal* 17 : 12–15.

Montello, D.R. 1998. A new framework for understanding the acquisition of spatial knowledge in large-scale environments. In *Spatial and Temporal Reasoning in Geographic Information Systems,* Eds. Egenhofer, M.J. and Golledge, R.G., 143–154. New York : Oxford UP.

Montello, D.R. 1999. Thinking of scale : the scale of thought. In *Scale and Detail in the Cognition of Geographic Information,* Eds. Montello, D.R. and Golledge,R. G., 11–12. Santa Barbara : NCGIA.

Montello, D., Sullivab, C.N. and Pick, H.L. 1994. Recall memory for topographic maps and natural terrain : effects of experience and task performance. *Cartographica* 31 (3) : 18–36.

Newcombe, N. 1982. Sex-related differences in spatial ability : problems and gaps in current approaches. In *Spatial Abilities : Development and physiological foundations.* Ed. Potegal,M., 223–250. New York : Academic Press.

Nivala, A.M., Brewster, S., and Sarjokoski, L.T. 2008. Usability evaluation of web map sites. *The Cartographic Journal* 45(2) : 129–138.

NRC (National Research Council) 2006. *Learning to Think Spatially.* Washington D.C. : The National Academies Press.

O'Reilly, T. 2005. What is Web2.0. http://www.oreilly.com/pub/a/web2/archive/what-is-web-20.html

Pailhous, J. 1970. *La representation de l'espace urbain : l'example du chauffeur de taxi.* Paris : Presses Universitaires de France.

Presson, C.C., and Hazelrigg, M.D. 1984. Building spatial representation through primary and secondary learning. *Journal of Experimental Psychology : Learning, Memory and Cognition* 10 : 716–722.

Robinson, A. H. 1982. *Early thematic mapping in the history of cartography.* Chicago : University of Chicago Press.

Saarinen, T.F. 1973. Student views of the world. In *Image and Environment.* Eds. Downs, R.M. and Stea, D., 148–161. Chicago : Aldine.　サーリネン 1976. 学生のもっている世界観. ダウンズ, R. M.・ステア, D.編, 吉武泰水監訳『環境の空間的イメージ』162–176. 鹿島出版会.

Saarinen,T.F. 1988. Centering of mental maps of the world. *National Geographic Research* 4 : 112–127.

Saarinen, T.F., MacCabe, C.L., and Morehouse, B. 1988. Sketch maps of the world as surrogates for world geographic knowledge. Discussion Paper 83–3, Department of Geography and Regional Development, Univ. of Arizona, Tucson.

Saarinen,T.F., Parton,M. and Billberg,R. 1996. Relative size of continents on world sketch maps. *Cartographica* 33 (2) : 37–47.

Self,C.M. and Golledge,R.G. 1994. Sex-related difference in spatial ability : what

every geography educator should know. *Journal of Geography* 93 : 234–243.

Self,C.M., Gopal,S., Golledge,R.G. and Fenstermaker, S. 1992. Gender-related differences in spatial abilities. *Progress in Human Geography* 16 : 315–342.

Shepard, R. and Metzler. J. 1971. Mental rotation of three dimensional objects. *Science* 171 (972) : 701–703.

Siegel,A.W. and White,S.H. 1975. The development of spatial representations of large-scale environments. In *Advances in Child Development and Behavior Vol.10,* Ed. Rees,H.W. , 9–55. Amsterdam : Academic Press.

Sparrow, B., Liu, J. and Wegner, D.M. 2011. Google effects on memory : cognitive consequences of having information at our fingertips. *Science* 333 : 776–778.

Spencer, C. and Weetman, M. 1981. The microgenesis of cognitive maps. *Transactions of the Institute of British Geographers N.S.* 6 : 375–384.

Stevens,A. and Coupe,P. 1978. Distortions in judged spatial relations. *Cognitive Psychology* 10 : 422–437.

Thorndyke, P.W. and Hayes-Roth, B. 1982. Differences in spatial knowledge acquired from maps and navigation. *Cognitive Psychology* 14 : 560–589.

Thorndyke, P.W. and Stasz, C. 1980. Individual differences in procedures for knowledge acquisition from maps. *Cognitive Psychology* 12 : 137–175.

Tolman,E. 1948. On cognitive maps in rats and men. *Psychological Review* 55 :189–208. トールマン, E. 1976. ねずみおよび人間の認知マップ. ダウンズ, R. M., ステア, D.編, 吉武泰水監訳：『環境の空間的イメージ』32–57. 鹿島出版会.

Tversky,B. 1981. Distortions in memory for maps. *Cognitive Psychology* 13 : 407–433.

Wegner, D. M. 1987. Transactive memory : A contemporary analysis of the group mind. In *Theories of Group Behavior,* Eds. B. Mullen and G. R. Goethals, 185–205. New York : Springer–Verlag.

著者略歴
若林　芳樹（わかばやし　よしき）
1959年佐賀県生まれ。広島大学大学院文学研究科博士課程単位取得退学（博士〈理学〉）。現在、首都大学東京大学院都市環境科学研究科教授。専攻は、行動地理学、都市地理学、地理情報科学。主な著書・訳書に、『認知地図の空間分析』（単著、地人書房、1999年）、『地図でみる日本の女性』（共著、明石書店、2007年）、『GISと空間認知』（共編著、古今書院、2008年）、『地図でみる世界の地域格差　OECD地域指標2011年版』（共訳、OECD編著、明石書店、2012年）、『参加型GISの理論と応用』（共編著、古今書院、2017年）など。

地図《ちず》の進化論《しんかろん》
——地理空間情報《ちりくうかんじょうほう》と人間《にんげん》の未来《みらい》

2018年1月20日　第1版第1刷　発行

著　者　若林芳樹
発行者　矢部敬一
発行所　株式会社　創元社
http://www.sogensha.co.jp/
本　　社　〒541-0047　大阪市中央区淡路町4-3-6
Tel. 06-6231-9010㈹　Fax. 06-6233-3111
東京支店　〒162-0825　東京都新宿区神楽坂4-3 煉瓦塔ビル
Tel. 03-3269-1051
印刷所　株式会社　太洋社
装　丁　森 裕昌

ISBN978-4-422-40037-2 C0044